10kV 及以下配电网工程
项目部标准化管理
施工项目部

国网山东省电力公司　编

中国电力出版社
CHINA ELECTRIC POWER PRESS

内 容 提 要

国网山东省电力公司为总结配电网工程业主、监理、施工三个项目部标准化管理工作经验，依据国家现行法律法规，以及国家、行业、公司规程规范，以国家电网有限公司 10kV 及以下配电网工程管理通用制度中对三个项目部的管理要求为基础编制本丛书。

本丛书分别从项目部设置、项目管理、安全管理、质量管理、造价管理及技术管理等方面进行描述，内容简单实用、工作流程易于操作。同时，附录部分收录了业主、监理、施工项目部常用的标准化模板和相关专业管理依据。

本丛书可供 10kV 及以下配电网工程业主、监理、施工项目部工作及管理人员学习使用。

图书在版编目（CIP）数据

10kV 及以下配电网工程项目部标准化管理 . 施工项目部 / 国网山东省电力公司编 . —北京：中国电力出版社，2019.3
　　ISBN 978-7-5198-0429-9

　　Ⅰ.①1…　Ⅱ.①国…　Ⅲ.①配电系统－电力工程－工程施工－标准化管理－中国
Ⅳ.① TM7

中国版本图书馆 CIP 数据核字（2019）第 031051 号

出版发行：中国电力出版社
地　　址：北京市东城区北京站西街 19 号（邮政编码 100005）
网　　址：http：//www.cepp.sgcc.com.cn
责任编辑：肖　敏（010-63412363）
责任校对：黄　蓓　闫秀英
装帧设计：赵丽媛　郝晓燕
责任印制：石　雷

印　　刷：三河市万龙印装有限公司
版　　次：2019 年 3 月第一版
印　　次：2019 年 3 月北京第一次印刷
开　　本：787 毫米 ×1092 毫米　16 开本
印　　张：7.75
字　　数：189 千字
印　　数：0001—3500 册
定　　价：36.00 元

编委会

编制说明

为规范 10kV 及以下配电网工程建设管理行为，统一施工项目部管理工作模式，提升配电网工程建设管理水平，实现施工项目部标准化管理目的，国网山东省电力公司（简称国网山东电力）编制本书。

本书依据国家现行法律法规，以及国家、行业标准和国家电网有限公司（简称国网公司）规程规范，结合国网公司管理通用制度，在总结国网山东电力系统施工项目部标准化建设及运作经验的基础上编制而成。

本书根据 10kV 及以下配电网工程建设特点，按照管理内容简单实用、工作流程易于操作的原则进行编制，主要有七个特点：①正文分施工项目部设置、项目管理、安全管理、质量管理、造价管理和技术管理六章描述工作内容，将工程前期、工程建设、总结评价等贯穿其中，将应产生和收集的管理资料以清单形式列出，方便管理者使用；②按照配电网工程建设特点进行编制，对配电网施工中不同专业的内容分别进行描述，便于工程综合管控；③管理资源按照工程实际需要合理配置，统一了项目部上墙图牌；④规范了项目管理策划和审批流程，安全管理、风险控制方案及质量通病防治措施等不独立编制，其内容全部纳入项目管理实施规划相应章节中，一并报审；⑤整合了总结内容，将项目管理总结、安全管理总结、质量管理总结、技术管理总结和造价管理总结合并到施工总结中；⑥精简了影像资料采集工作，数码照片仅要求对隐蔽工程、关键工序和亮点照片进行采集、整理；⑦交叉互检、安全管理评价和安全风险动态管理等工作不作硬性规定。

一、本书正文主要包括以下六方面内容：

（1）施工项目部设置。明确了施工项目部组建和施工项目部各岗位工作职责及重点工作内容。

（2）项目管理。明确了项目管理策划、标准化开工、进度计划管理、项目资源管理、施工协调管理、合同履约管理、信息管理、档案管理、总结评价和工程创优等管理内容。

（3）安全管理。明确了安全策划、安全风险、安全文明施工、安全质量评价、分包安全、安全应急和安全检查等安全管理措施。

（4）质量管理。明确了施工策划阶段、施工准备阶段、施工阶段、施工验收阶段和项目总结评价阶段的质量管理内容。

（5）造价管理。明确了成本控制、进度款、施工结算、工程量和设计变更及现场签证的管理内容，并要求与财务决算及审计配合。

（6）技术管理。明确了施工技术管理与施工新技术研究与应用等相关内容。

二、本书还对配电网建设相关名词术语进行了统一解释，详见附录 A。

三、本书相关使用说明如下：

（1）本书工作模板主要规范 10kV 及以下配电网架空线路、电缆、开闭所和台区等各专业工作管理过程中主要模板的格式、内容，自印发之日起在国网山东电力 10kV 及以下配电网建设工程项目中统一执行。

（2）工程建设相关的表式分业主、监理和施工三个模板。本书仅针对施工发起并填写的表式进行整理归类，由业主、监理发起并填写的表式参见《10kV 及以下配电网工程项目部标准化管理　业主项目部》《10kV 及以下配电网工程项目部标准化管理　监理项目部》模板。

（3）施工管理模板代码的命名规则："SSZ"代表"施工项目部设置"模板；"SXM"代表"施工项目管理"模板；"SAQ"代表"施工安全管理"模板；"SZL"代表"施工质量管理"模板；"SZJ"代表"施工造价管理"模板；"SJS"代表"施工技术管理"模板。

（4）管理模板的编号原则如下：

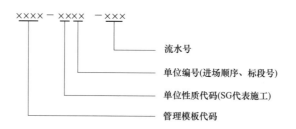

1）单位性质代码为单位性质的拼音首字母缩写，如 SG 代表施工单位；SJ 代表设计单位；SY 代表试验单位；JL 代表监理单位；YZ 代表业主。

2）单位编号用来区别多个同性质单位（如只有一个单位，则单位编号不填写），按照进入现场时间的先后顺序填写，如第一个进场的土建单位编为 SG01，第二个进场的土建单位编为 SG02。

3）流水号用来区分同一类模板，统一用 3 位数字填写，按形成的先后顺序编号，第 1 份为 001，第 2 份为 002，依次类推。为方便材料及试品试件报审表排序清晰，将材料及试品试件实行分类报审，编号扩展到三段号，即：单位编号—材料 / 试品种类名称—进场流水号。例如：SZL7-SG02- 砂 -002 及 SZL7-SG02- 钢筋 -003。

（5）表式内容填写总使用说明：

1）工程名称：以施工图设计文件名为准。

2）管理模板中施工项目部名称以项目部公章为准。除按填写、使用说明要求盖公司印章外，其他所有需要盖施工印章的，均指施工项目部公章。报审表中业主项目部审批意见栏经业主项目部项目经理审核签字后，加盖业主项目部公章；需建设管理单位负责人签字的，加盖建设管理单位公章。

3）管理模板中施工项目部填写内容宜采用打印方式，监理项目部、业主项目部、建设管理单位审查意见必须采用手写方式。其所有姓名、日期的签署均采用手写方式。

4）管理模板要求一式多份文件全部为原件归档。文件的份数应符合模板填写、使用说明要求。移交归档的文件在移交前由组卷单位负责保管。

5）施工现场使用管理模板时不需要打印各模板左上方代码字段和下方的填写、使用说明字段。

四、本书相关内容若与上级单位最新有关要求和制度相悖，以上级单位制度和要求为准。

目 录

1 施工项目部设置

1.1 施工项目部组建

1.1.1 定位

施工项目部是指由施工单位（项目承包人）成立并派驻施工现场，代表施工单位履行施工承包合同的项目管理组织机构。依据有关法律法规，对项目施工安全、质量、进度、造价、技术等实施现场管理，按合同约定完成各项建设目标。

施工项目部与业主项目部之间是代为履行合同关系，依据施工承包合同履行双方的权利和义务，接受业主项目部的指导、监督和考核。

施工项目部与监理项目部之间是被监督与监督的关系，依据有关要求，在工程实施中接受监理项目部的"控制、管理、协调"管理。

1.1.2 组建原则

所有 10kV 及以下配电网工程必须组建施工项目部，施工单位根据施工合同约定的服务内容、服务期限、工程特点、规模、技术复杂程度等因素，以管控到位为前提，组建相应数量的施工项目部。

1.1.3 组建方式

各施工单位应在工程项目启动前按已签订的施工合同，按以下方式组建施工项目部：

（1）批次中标的以单个施工合同为依据组建施工项目部。

（2）框架中标的以下达项目框架应用合同为依据组建施工项目部，按工作承载力，单个施工项目部负责的线路工程路径长度 / 台区数量不得超过 50km/100 个（或同等工程量）。

（3）国家专项资金工程应遵循相关资金使用要求单独成立施工项目部。

（4）具有重大政治意义的工程可按照上述第（1）、（2）条原则单独成立施工项目部。

施工项目部要以通知文件（见附录 B4 中 SSZ1）形式任命项目经理及其他主要管理人员，并报送业主、监理项目部。

项目部经理、安全员、技术员等关键人员在项目现场建设任务完成后，在不耽误履行本项目部工作职责的前提下，可到其他项目部担任其他职务。

1.2 施工项目部工作职责

施工项目部负责组织实施施工合同范围内的具体工作，执行有关法律法规及规章制度，对项目施工安全、质量、进度、造价、技术和劳务分包等实施现场管理。

（1）贯彻执行国家、行业、地方相关建设标准、规程和规范，落实国家电网有限公司、省公司各项建设管理制度，严格执行施工项目标准化建设各项要求。

（2）建立健全项目、安全、质量等管理网络，落实管理责任。

（3）编制项目管理策划文件（见附录 B5 中 SXM2），报监理项目部审查、业主项目部审批后实施。

（4）报送施工进度计划及停电需求计划，并进行动态管理；及时反馈物资供应情况。

（5）配合建设管理单位办理工程施工许可手续及协调项目建设外部环境，依法合规开展工程建设。

（6）负责施工项目部人员及施工人员的安全、质量培训和教育，提供必需的安全防护用品和检测、计量设备。

（7）定期召开或参加工程例会、专题协调会，落实上级和安委会、业主、监理项目部的管理工作要求，协调解决施工过程中出现的问题。

（8）负责制定分包计划，填写分包计划申请书（见附录 B5 中 SXM9），并上报监理项目部审核，业主项目部审批；按分包协议约定组织分包单位开展好培训工作，确保分包工程的施工安全和质量。

（9）负责编制施工方案、作业指导书或安全技术措施，组织全体作业人员参加交底，并按规定在交底书上签字确认。

（10）开展施工风险识别、评估工作，制定预控措施，并在施工中落实。

（11）落实施工器械安全管理责任，对进入现场的施工机械和工器具的安全状况进行准入检查，监控施工过程中施工机械的安装、拆卸、重要吊装、关键工序作业，并负责组织施工队（班组）安全工器具的定期试验、送检工作。

（12）参与编制和执行各类现场应急处置方案，配置现场应急资源，开展应急教育培训和应急演练，执行应急报告制度。

（13）组织现场安全文明施工，按照《配电网安全文明施工标准（试行）》的相关要求开展工作。

（14）开展并参加各类安全检查，对存在的问题闭环整改，对重复发生的问题制定防范措施。

（15）组织施工图预检，参加设计交底及施工图会检，严格按图施工。

（16）严格执行工程建设标准，全面应用标准工艺，落实质量通病防治措施，采取有效手段严格控制施工全过程的质量和工艺。

（17）规范开展施工质量班组级自检和项目部级复检工作，配合各级质量检查、质量监督、质量验收等工作。

（18）报审工程资金使用计划，提交进度款申请，配合工程结算、审计以及财务稽核工作。

（19）按照项目部标准化管理要求，执行项目部现场人员、软硬件设备配置标准，及时、准确、完整填报本项目部涉及信息。

（20）负责施工档案资料的收集、整理、归档、移交工作。

（21）工程发生质量事件、安全事故时，按规定程序及时上报，同时参与并配合项目质量事件、安全事故调查和处理工作。

（22）负责项目质保期内保修工作；参与工程达标投产和创优工作。

（23）监督分包单位，按时发放施工人员工资。

1.3 施工项目部资源配置

1.3.1 人员配置

施工项目部宜配备项目经理、安全员、技术员、质检员、造价员、资料信息员、材料员、综合管理员、施工协调员等管理人员，至少配备项目经理、安全员、技术员三个关键管理人员，其余岗位在满足工作承载力前提下，可根据施工需要，由施工单位统一调配，或由主要管理人员兼任。

施工项目部人员应保持相对稳定，施工单位不得随意变更关键管理人员，特殊原因如确需变更，必须征得项目管理单位同意后办理变更手续并报业主项目部、监理项目部备案（见附录 B5 中 SXM11）；上述关键管理人员同时发生变动时，须由施工单位重新发文，相关申请（申请格式参照项目经理变更申请）报送监理项目部审核，并报送业主项目部备案。

1.3.2 任职条件（见表 1-1）

表 1-1 任职条件

岗位	岗位性质	兼任要求	任职条件
项目经理	关键	专职	1. 宜取得机电工程类二级及以上注册建造师资格证书。 2. 具有 5 年及以上从事同类型工程施工管理经历。 3. 持有住建管理部门颁发的建筑施工企业项目负责人安全生产考核合格证书（B 证）。 4. 经施工企业或上级单位培训考试合格
安全员	关键	专职	具有 2 年及以上从事同类型工程施工安全管理经历，宜取得安全生产考核合格证书（B 证）；经施工企业或上级单位培训考试合格
技术员	关键	专职	具有 2 年以上从事配电网工程施工技术管理经历，经施工企业或上级单位培训考试合格
资料员	重要	专职	具有从事配电网工程施工资料及信息管理工作经历
质检员	重要	兼职	具有 2 年及以上从事同类型工程施工质量管理经历，经施工企业考试合格并持证
造价员	重要	兼职	具有从事配电网工程施工造价 2 年以上管理工作经历
材料员	一般	兼职	具有从事电网工程施工物资管理工作经历
综合管理员	一般	兼职	具有从事电网工程施工综合管理工作经历
施工协调员	一般	兼职	熟悉相关国家、地方的法律法规，具有从事配电网工程现场管理工作经历，具有较强组织协调能力

1.3.3 岗位职责

（1）项目经理。

1）主持施工项目部工作，在授权范围内代表施工单位全面履行施工承包合同；对施工生产和组织调度实施全过程管理；确保工程施工顺利进行。

2）组织建立相关施工责任制和各专业管理体系，负责项目部员工管理绩效的考核及奖惩。

3）组织编制项目管理实施规划，并负责监督落实。

4）组织制订施工进度、安全、质量及造价管理实施计划，实时掌握施工过程中安全、质量、进度、技术、造价、组织协调等总体情况。组织召开项目部工作例会，安排部署施工工作。

5）对施工过程中的安全、质量、进度、技术、造价等管理要求执行情况进行检查、分析及组织纠偏。

6）负责组织处理工程实施和检查中出现的重大问题，制订预防措施。特殊困难及时提请有关方协调解决。

7）合理安排项目资金使用；落实安全文明施工费申请、使用。

8）负责组织落实安全文明施工、职业健康和环境保护有关要求；负责组织对重要工序、危险作业和特殊作业项目开工前的安全文明施工条件进行检查并签证确认。

9）负责组织对分包商进场条件进行检查，对劳务分包队伍实行全过程安全管理。

10）负责组织工程班组级自检、项目部级复检和质量评定工作，配合公司级专检、监理初检、中间验收和竣工验收工作，并及时组织对相关问题进行闭环整改。

11）参与并配合工程安全事件和质量事件的调查处理工作。

12）项目投产后，组织对项目管理工作进行总结；配合审计工作，安排项目部解散后的收尾工作。

13）负责项目质保期内保修工作；负责配合工程达标投产和创优工作。

（2）技术员。

1）熟悉有关设计文件，及时提出设计文件存在的问题。协助项目经理做好设计变更的现场执行及闭环管理。

2）参与编写项目管理实施规划，并负责监督实施。

3）编制施工进度计划，并监督落实，编制技术培训计划，并组织实施。

4）组织施工图预检，参加业主项目部组织的设计交底及施工图会检。

5）负责编写专项施工方案、专项安全技术措施，组织安全技术交底，在施工过程中监督落实，负责对施工方案进行技术经济分析与评价。

6）在施工过程中随时对施工现场进行检查和提供技术指导，存在问题或隐患时，及时提出技术解决和防范措施。

7）负责组织施工班组和劳务分包队伍做好项目施工过程中的施工记录和签证。

8）参与审查施工作业票。

9）组织对项目全员进行技术及环保等相关法律、法规及其他要求培训工作。

10）负责施工新工艺、新技术的研究、试验、应用及总结。

（3）安全员。

1）贯彻执行工程安全管理有关法律、法规、规程、规范和国家电网有限公司、省公司通用制度，参与策划文件安全部分的编制并指导实施。组织对项目全员进行安全相关法律、法规及其他要求培训工作。

2）负责编制施工安全管理及风险控制方案等管理策划文件，并负责监督落实。

3）负责施工人员的安全教育和上岗培训；汇总特种作业人员资质信息，报监理项目部审查。

4）参与施工作业票审查，协助审核一般方案的安全技术措施，参加安全交底，检查施工过程中安全技术措施落实情况。

5）负责编制安全防护用品和安全工器具的需求计划，建立项目安全管理台账（见附录 B6 中 SAQ4）。

6）审查施工分包队伍及人员进出场工作，检查分包作业现场安全措施落实情况，制止不安全行为。

7）负责项目安全标准化配置，负责施工现场的安全文明施工状况，督促问题整改；制止和处罚违章作业和违章指挥行为；做好安全工作总结。

8）配合安全事故（事件）的调查处理。

9）负责项目建设安全信息收集、整理与上报，每月按时上报安全信息月报。

（4）质检员。

1）贯彻落实工程质量管理有关法律、法规、规程、规范和国家电网有限公司、省公司通用制度，参与策划文件质量部分的编制并指导实施。

2）组织对项目全员进行质量相关法律、法规及其他要求培训工作。

3）对分包工程质量实施有效管控，监督检查分包工程的施工质量。

4）检查工程施工质量情况，监督质量检查问题闭环整改情况，配合各级质量检查、质量监督、质量验收等工作。

5）组织进行隐蔽工程和关键工序检查，对不合格的项目责成返工，督促施工班组做好质量自检和施工记录的填写工作。

6）按照工程质量管理及资料归档有关要求，收集、审查、整理施工记录、试验报告等资料。

7）配合工程质量事件调查。

（5）造价员。

1）严格执行国家、行业标准和企业标准，贯彻落实建设管理单位有关造价管理和控制的要求，负责项目施工过程中的造价管理与控制工作。

2）负责工程设计变更费用核实，负责工程现场签证费用的计算，并按规定向业主和监理项目部报审。

3）配合业主项目部工程量管理文件的编审。

4）编制工程进度款支付申请和月度用款计划，按规定向业主和监理项目部报审。

5）依据工程建设合同及竣工工程量文件编制工程施工结算文件，上报至本施工单位对口管理部门。配合建设管理单位、本施工单位等有关单位的财务、审计部门完成工程财务决算、审计以及财务稽核工作。

6）负责收集、整理工程实施过程中造价管理工作有关基础资料。

（6）信息资料员。

1）负责对工程设计文件、施工信息及有关行政文件（资料）的接收、传递和保管；保证其安全性和有效性。

2）负责有关会议纪要整理工作；负责有关工程资料的收集和整理工作；负责配电网工程相关管控系统数据录入工作。

3）建立文件资料管理台账，按时完成档案移交工作。

4）负责组织收集、整理施工过程资料，负责组织收集、整理施工过程资料。

（7）材料员。

1）严格遵守物资管理及验收制度，加强对设备、材料和危险品的保管，建立各种物资供应台账，做到账、卡、物相符。

2）负责组织办理甲供设备材料的催运、装卸、保管、发放，自购材料的供应、运输、发放、补料等工作。

3）负责组织对到达现场（仓库）的设备、材料进行型号、数量、质量的核对与检查。收集项目设备、材料及机具的质保等文件。

4）负责工程项目完工后剩余材料的退料移库等工作。

5）做好到场物资使用的跟踪管理。

6）负责工程拆旧部分物资仓储、移交等工作。

7）参与物资质量抽检、送检工作。

（8）协调员。

1）配合召开工程协调会议，协调好地方关系，配合业主项目部做好相关外部协调工作。

2）根据施工合同，做好房屋拆迁、青苗补偿、塔基占地、树木砍伐、施工跨越等通道清理的协调及赔偿工作。

3）负责通道清理资料的收集、整理。

1.3.4 标准化建设

（1）场所设置。施工项目部应有固定的、相对独立的办公场所，需设置独立的会议室，室内办公设施齐全，布置应规范整齐，办公设施实行定置化管理，设定置图。有条件可设置材料设备堆放、加工等区域划分。材料堆放区满足项目建设物资存储需要，分区存放，重要设备存放区需配置通风、除湿等设施。

（2）设备配置。施工项目部应配备相应的交通、通信工具和办公设备，开通电话、办公网络（内、外网网络），需配置满足工作需要的检测设备、工器具，并经检验合格，在有效期内使用。

表 1-2　　　　　　　　　　　施工项目部标准化设备配置表

区域设置	数量	单位	区域设置	数量	单位
办公面积	≤ 6	m^2/人	扫描仪	1	台
会议室	1	间	投影仪	1	台
办公网络	内、外网	—	卷尺	1	套
办公车辆	2~3	辆	测距仪	1	台
电话	1	座 / 人	测高仪	1	台
电脑	1	台 / 人	A3/A4 打印机	2	台
相机	3	台	其他	按照公司合理配置	

（3）上墙图板。施工项目部办公区域上墙图板参见业主项目部附录 D（业主项目部悬挂的标识及各项管理制度）。施工区根据实际情况可设置：施工单位和工程项目概况牌（公示工程项目名称及工程简要情况介绍）、工程项目管理目标牌（明确本项目管理目标，主要包括安全、质量、工期、文明施工及环境保护等目标内容）、工程项目建设管理责任牌（公示本项目各参建单位及主要负责人等内容）、安全文明施工纪律牌（明确本项目安全文明施工主要要求）。

施工项目部应配置满足工程施工需要的基本规程规范和标准。在工程实施前根据工程实际情况及施工合同要求进行补充、配备（配备相应的纸质版或电子版文件），并建立施工项目部标准执行清单。同时对规范和标准实施动态管理，以保证在用标准为最新版本。

会议室应将安全文明施工组织机构图、安全文明施工管理目标、工程施工进度横道图、应急联络牌等设置上墙（见附录 D）。

（4）施工装备配置。施工项目部要配置满足工程建设需求的施工装备。脚扣、安全带、物料传递绳等个人安全工器具确保人均 1 套，验电器、绝缘手套等满足工程建设需求，所有安全工器具必须确保试验合格并不得超试验周期；紧线葫芦、牵引绳、绞磨、滑轮等施工工器具需满足工程需求，对易损工具及时进行补充；吊车、挖掘机等大型作业车辆可采用租用的方式解决，其他工程车辆必须由项目部自行配置；同时要配置配电网工程施工相关的试验检测设备。

1.4 项目部重点工作

1.4.1 施工准备阶段

（1）合同签订后，由施工单位按照合同约定行文成立施工项目部，建立健全安全、质量管理体系，明确工程目标，落实各项管理职责分工，将主要管理人员及特殊作业人员资质报监理项目部审核，并报业主项目部备案。

（2）施工项目部成立后，由施工单位对项目部管理人员进行交底。

（3）参加施工图会检、设计交底及各种建设管理策划会，依据业主项目部下达的策划文件编制施工项目部管理策划文件及各种计划性文件并报审。

（4）参加设计交桩工作，履行交接桩手续。对线路进行复测，并将测量结果报监理项目部审核。

（5）提出施工分包计划，严格分包单位选用及资质报审，组织签订劳务分包合同和安全协议，行文公布"同进同出"人员名单后一并报业主、监理项目部备案，线路基础工程需专业分包的，签署专业分包合同和安全协议。

（6）根据工程建设合同编制工程预付或进度款申请报审。

（7）参加业主项目部组织的现场初勘。

（8）根据审定的施工图设计文件、设计工程量管理文件编制施工预算。

（9）负责开工前期到场设备、甲供材料进货检验（开箱检验）、保管工作并报审。按要求进行试品（件）试验，试验结果报监理项目部确认。

（10）落实主要施工机械、工器具、安全用具、计量器具、试验设备等满足施工现场需求并报审。

（11）编制相关施工方案（作业指导书），履行完内部审批后报监理项目部。特殊施工方案报业主项目部审批。

（12）落实标准化开工必需条件，符合要求时报请监理及业主项目部申请开工。

1.4.2 施工阶段

（1）依据批准的施工作业文件进行培训交底，并做好交底记录。

（2）按照批准的施工方案及设计变更文件组织现场施工。

（3）根据管理需要和现场施工实际开展现场安全、工艺、质量等检查活动或专题会议，制定工作改进、质量通病等防治措施，并闭环整改。

（4）参加监理项目部组织的后续到场甲供材料和设备的交接验收及开箱检查，做好材料和设备的保管、运输及使用，加强过程质量管理。

（5）对分包工程实施有效管控，监督分包商按照工程验收规范、质量验评、标准工艺等组织施工，对隐蔽工程等关键工序（部位）进行过程控制，对专业分包商采购的工程材料、配件进行检验。

（6）根据工程进展，做好施工工序的质量控制，严格工序验收，加强隐蔽工程等工程重点环节、工序的质量控制。

（7）执行施工三级自检制度，严格三级自检及缺陷处理，配合各级质量检查、质量监督、质量验收等工作，对存在的质量问题认真整改。

（8）按要求开展施工风险识别、评估工作，制订预控措施并在施工中落实，落实现场安全施工作业票的签发及风险交底，做好风险管控动态公示的及时更新，加强重点工序及作业内容的管控，按要求做好安全监护及到岗履职。

（9）组织相关人员对重要临时设施进行检查，履行重要设施安全检查签证手续。

（10）贯彻落实安全文明施工标准化要求，实行文明施工、绿色施工、环保施工。监督检查并指导专业分包商落实各项安全文明施工措施，并纳入对分包商的资信评价。

（11）进行安全文明施工设施配置计划报验，按照审批进行设施和用品的采购、制作或提交施工企业统一配送。

（12）制订工程安全隐患排查治理工作计划，规范开展安全隐患治理工作，保证隐患得到有效治理；定期检查现场安全状况，对存在问题进行闭环整改，并对相关人员予以通报、处罚。

（13）施工过程中，施工班组应每天对安全文明施工标准化设施的使用情况和施工人员作业行为进行检查，施工项目部每月至少组织一次抽查，提出改进措施，保持安全文明常态化。项目经理每月至少组织一次安全大检查。将抽查和检查的情况进行汇总存档。

（14）通过落实现场准入、教育培训、过程检查、同进同出等分包管理制度加强施工过程管控。

（15）组建现场应急救援队伍，配备应急救援物资和工器具。根据现场需要和项目应急工作组安排，参加项目应急工作组组织的应急救援知识培训和现场应急演练。

（16）对进度计划进行动态管理，滚动修编进度计划，对因自身原因引起的进度偏差及时进行纠偏。

（17）负责及时提出工程实施过程中发生的现场签证，履行现场签证审批单确认手续。

（18）发生工程事故后，实行即时报告制度，按程序配合事故调查及处理。

（19）按照相关工程管控系统要求组织做好施工阶段工程数据维护、录入工作。

1.4.3　竣工验收阶段

在施工三级自检及监理初检合格的基础上，接受建设管理单位组织的工程竣工验收并完成缺陷整改。

1.4.4　工程投产及保修阶段

（1）收集结算资料，完成竣工工程量文件编制，根据工程建设合同及四方确认的竣工工程量文件，编制上报工程结算书，报业主项目部审核，配合审计、财务完成工程结算、决算及审计，配合业主完成施工图预算分析、结算督察工作。

（2）参与建设管理单位组织的优质工程自检工作，接受并配合完成优质工程复检、核检工作。

（3）在项目竣工投产后按合同约定，及时完成工程档案资料的收集、整理及移交。

（4）按合同约定实施项目投产后的保修工作。对工程质量保修期内出现的施工质量问题，应及时进行检查、分析原因并进行整改闭环。

1.4.5　总结评价

合同约定的全部工程建成投运后一个月内，施工项目部：

（1）接受并配合业主项目部按照施工项目部综合评价表（见附录 B 中附表 B1）的评价内容和评价标准进行评价。包括项目部组建、人员履职、项目管理、安全管理、质量管理等方面，评价结果作为下一次招标评价的依据，杜绝超承载能力和没有实际作业能力的皮包公司承揽工程。充分引入市场竞争，建立施工队伍"黑名单"和"负面清单"，让干得好的多干，不能干的淘汰。负责组织、管控、指挥劳务分包队伍开展作业，杜绝劳务分包人员独立开展高风险等级作业。

（2）对分包单位按照分包单位考核评价表进行资信评价（见附录 B 附表 B2），经监理项目部审核后，上报业主项目部，作为入围合格分包商的唯一依据。

1.4.6　管理流程及关键节点

（1）流程图（见附录 B 中图 B1）

（2）关键管控节点。施工项目部按照"全过程管控、突出重点"的原则开展施工过程管理，施工项目部的 10 项重点工作和 31 项关键管控节点详见表 1-3。

表 1-3　　　　　　　　施工项目部重点工作与关键管控节点

序号	重点工作	关键管控节点及工作要求	主要成果资料
1	项目管理策划	（1）组织编写施工项目部管理策划文件并报审	项目管理实施规划、质量验收及评定范围划分表等项目策划文件
		（2）组织编写各种计划性文件并报审	施工进度计划、分包计划等计划性文件
2	工程标准化开工	（1）组织线路复测	线路复测记录
		（2）按照合同约定以及国网公司标准化管理要求完成施工项目部组建	标准化配置达标检查记录、施工机械管理台账
		（3）提交开工准备的相关支持性资料报监理项目部审查，并完成审批	法定代表人授权书、工程质量承诺书等开工准备相关资料
		（4）对施工图进行预检，参加设计交底、施工图会检	
		（5）进行上岗前安全、质量教育培训，组织全体施工人员进行交底	教育培训记录及交底记录
		（6）提前策划部署工程现场人员管理系统，落实标准化开工条件，编写开工报审表（见附录 B5 中 SXM4），报请开工	工程开工报审表
3	施工控制与协调	（1）落实公司配电网工程各专业管理的相关规定及要求，定期召开或参加工程例会、专题协调会（如每月安全、质量例会，协调会等）	会议纪要（见附录 B5 中 SXM6）及相关会议材料、会议记录问题执行反馈单

序号	重点工作	关键管控节点及工作要求	主要成果资料
3	施工控制与协调	（2）编制施工方案（措施），按规定报审并组织落实	施工方案（措施）、有关执行记录
		（3）执行三级技术交底制度	交底记录
		（4）对基础施工、组塔施工、架线施工阶段工程的重点环节、关键工序进行施工控制	施工记录、验收评定记录
		（5）对分包实施动态监管	施工分包人员动态信息一览表
		（6）组织现场安全文明施工，开展施工风险识别、评估工作，制订预控措施并在施工中落实	安全风险控制卡、施工作业风险现场复测单，施工安全风险动态识别、评估及预控措施台账等
		（7）参与设备的到场验收、开箱检查，进行相关试验	开箱检查记录、试验报告等相关资料
		（8）应用标准工艺，做好重点环节、工序三级自检工作，严格控制工序质量	质量过程检查表等过程控制资料
		（9）对进度计划进行过程动态管理，滚动修编进度计划	施工进度计划及报审表、施工进度计划调整报审资料等
		（10）开展现场安全、质量等检查活动并闭环整改	安全及质量过程检查及闭环整改资料
4	成本控制	根据审定的施工图设计文件，编制施工预算，控制、指导施工各项费用支出，对价款使用进行控制、分析、反馈	施工预算资料
5	进度款	根据工程进度，依据合同规定编制工程预付款报审表、进度款报审表，并上报	工程预付款报审表、进度款报审表
6	设计变更及现场签证管理	（1）履行设计变更审批手续，执行批准的工程设计变更	设计变更联系单、设计变更审批单、设计变更执行报验单
		（2）履行工程现场签证审批手续，执行批准的工程现场签证	现场签证审批单
7	工程验收及质量监督	（1）严格执行三级自检制度，做好工程质量验收记录及质量问题管理台账，配合监理初检、中间验收、启动验收和启动投运工作，并整改消缺	隐蔽验收签证记录、工程验评记录及质量问题管理台账、监理初检申请、班组自检记录、项目部复检记录及公司级专检报告
		（2）配合质量监督检查并完成整改闭环管理	检查及闭环整改资料
8	信息与资料管理	（1）应用配电网工程相关管控系统，及时、准确、完整录入相关数据	配电网工程相关管控系统中按要求保存的施工过程电子文档
		（2）及时组织宣贯上级文件，来往文件记录清晰	收发文记录、学习记录
		（3）施工过程文字及影像资料的采集、整理、归档，与工程实际进度同步，完成资料整理及收集，组织档案移交	施工过程数码照片及文字资料，工程档案资料等
9	综合评价	（1）竣工后及时编写工程总结	工程总结
		（2）接受并配合业主项目部考评	相关评价报告或评价记录表
10	工程后期管理	依据合同条款，编制施工结算书并上报，配合完成竣工结算、财务决算、工程审计、达标创优及保修等后期工作	施工结算书等相关文件资料

2 项目管理

项目管理主要内容包括项目管理策划、标准化开工、进度计划管理、项目资源管理、施工协调管理、合同履约管理、信息管理、档案管理、总结评价等。

2.1 项目管理策划

（1）依据工程建设管理纲要和项目合同文件，施工项目部编制项目管理实施规划，并报监理、业主项目部审批，根据项目实际和相关要求，及时对项目规划进行滚动修编。

（2）工程施工阶段，执行经过审批的策划文件。

2.2 标准化开工

（1）批次工程项目管理实施规划已审批。

（2）业主项目部已组织设计、安全技术交底和施工图会检。

（3）相关工程施工方案按要求编审后，监理项目部已审查、业主项目部已审批。

（4）完成项目部主要施工负责人及分包单位有关人员交底工作。

（5）物资、材料能满足连续施工的需要，质量合格，如不符合要求时，督促责任厂家更换。

（6）主要测量、计量器具的规格、型号、数量、证明文件等内容符合规定，并与实际相符。

（7）主要施工机械、工器具、安全防护用品（用具）的安全性能证明文件，重要设施（大中型起重机械、跨越架，施工用电等）安全检查签证等内容与相关报审表一致。

（8）对进场的施工人员，包括分包人员，已进行安全技术培训，经考试合格，并报监理、业主项目部备案。

2.3 进度计划管理

（1）工程开工前，依据业主项目部下达的项目进度实施计划（里程碑计划），编制施工进度计划报审表（见附录 B5 中 SXM3），报监理项目部审核、业主项目部审批，审核后进行计划交底，落实各级责任。

（2）参加业主或监理组织的工程例会及工程进度协调会议，对进度计划进行过程动态管理，滚动修编进度计划，报监理项目部和业主项目部审查确定。

（3）根据工程实际进度，编制本工程停电需求计划，报监理项目部审核，业主项目部审批上报。

（4）按照合理工期要求在合同中约定分包工程的工期，对分包工程的工期进度和费用实施有效控制。

2.4 项目资源管理

（1）人员管理。

1）根据实际施工情况，制订施工项目部的人员配置计划。

2）填写施工项目部管理人员资格报审表（见附录 B5 中 SXM1），报监理项目部审核。

3）项目经理原则上应同投标文件保持一致，施工单位不得随意撤换项目经理，特殊原因需要撤换项目经理时，应经监理项目部审核，业主项目部批准；调换项目部主要管理人员时，应书面通知监理、业主项目部。

4）收集、汇总、审核施工中特种作业人员（特殊工种）的资质，报监理项目部审核。

5）施工过程中，把控施工人员的到位情况，确保施工力量满足工程施工的需要。

6）在操作技能、规程规范、技术标准、安全质量技术管理规定、企业文化、工作态度以及施工安全知识方面对作业人员进行上岗培训工作。

（2）分包管理。

1）开工前，根据施工承包合同约定提出项目施工分包申请表（见附录 B5 中 SXM10）报监理项目部审核、业主项目部审批备案。

2）分包合同签订后，对进场的施工分包商进行入场检查和验证，建立分包商进场人员台账，向监理项目部提出分包商入场验证申请，并经监理项目部验证、业主项目部审批备案。

3）监督分包工程的实施情况，核查作业班组长及相关骨干力量配置情况，动态核查验证分包商项目经理（项目负责人）、技术负责人、安全质量管理人员、特种作业人员（特殊工种）人证相符以及施工机械、工器具配备等施工条件的一致性。

4）施工过程中，分包项目经理、劳务负责人等不得随意更换，如需更换必须经施工项目部同意，由施工项目部报监理项目部审核、业主项目部批准，建设管理单位备案。如离开现场需报请施工项目部、监理项目部同意。

5）施工项目部组织或督促分包商对参与施工作业的全体人员进行安全技术交底、入场和过程培训、考试。

6）在全面采集分包人员个人信息、单位信息、项目岗位信息的基础上，对每位分包人员制作"胸卡"标识。在分包人员参与公司配电网工程建设的过程中，利用"胸卡"对其进出场、作业行为进行动态记录和管理。分包人员的"二维码"标识包括"身份识别卡"和"作业人员标识"（简称"一卡一标"）。

7）劳务分包工程开工前，上报风险作业的"同进同出"人员名单，报监理项目部审核，业主项目部批准备案。

2.5 施工协调管理

（1）配合工程开工协调工作，确保工程按时开工。

（2）组织或参加工程例会或专题协调会，协调解决影响施工的相关问题，满足工程进度要求，重大事件上报监理项目部和业主项目部。

（3）当监理下达工程暂停令时，按要求做好相关工作，待停工因素全部消除后，提出工程复工申请表（见附录 B5 中 SXM5）。

（4）配合解决的影响工程施工的相关问题。

2.6 合同履约管理

（1）施工合同执行管理。

1）接受工程施工合同交底。

2）执行工程合同条款，及时协调合同执行过程中的问题，向管理部门汇报合同履约情况及存在的问题。

3）根据工程合同，提交进度款支付申请和实物工程量清单，报送监理项目部和业主项目部。

4）按照业主项目部要求，完成设计变更的申报等相关手续。

5）工程竣工后，配合建设管理单位（业主项目部）完成工程结算。

6）质保期满后，提交质保金支付申请。

（2）分包合同管理。

1）根据批准的施工分包计划，在合格分包商名录中确定施工分包商。

2）提出施工分包申请（见附录 B5 中 SXM10），将拟选用的分包商、参与分包工程施工的主要人员资格或者相关证书、拟签订的分包合同、安全协议等资料报监理项目部审核、业主项目部审批备案。

3）配合本施工单位与批准的分包商签订分包合同、安全协议，报监理、业主项目部备案，并具体负责合同条款执行。监督分包商遵守分包合同及安全协议，服从本施工单位、监理项目部、业主项目部以及建设管理单位的管理。

4）对分包合同的执行进行过程管理，及时协调合同执行过程中发现的各种问题。

5）定期开展对工程项目分包商的考核评价，报监理项目部复核，并上报业主项目部。

6）审核分包单位报送的合同款支付申请，配合施工单位财务管理部门办理分包合同进度款支付手续。

7）分包工程完成后，配合施工单位进行分包合同结算。

2.7 信息管理

（1）贯彻落实公司配电网工程建设信息"一清二楚"管理制度。

（2）执行配电网工程信息化各项管理要求，及时、准确、完整填报本项目部涉及信息。

（3）执行项目部现场人员、软硬件设备配置标准化建设。

（4）收集和分析配电网建设信息化应用过程中的问题和建议，报送业主及监理项目部。

2.8 档案管理

（1）负责文件的收发、整理、保管、归档工作，报审相关文件资料。

（2）建立工程项目分包商台账和分包人员信息档案，分包人员档案内容与信息卡内容保持一致，及时向业主项目部报送。

（3）根据档案标准化管理要求、数码照片采集管理要求及档案管理要求，负责项目施工文件（包括数码照片资料）的收集、整理及归档工作，确保文件的完整、字体规范、载体合格，及时完成项目施工文件的整理、组卷、编目。

（4）在项目竣工投产后，根据合同约定和业主下发的档案管理要求，将整理规范的项目档案移交。

（5）应用相关工程管控系统，及时、准确、完整地输入施工现场信息资料。

2.9 总结评价和工程创优

（1）项目竣工后及时编制工程总结（见附录 B5 中 SXM8），并报送监理项目部和业主项目部审核。

（2）接受并配合业主项目部的综合评价。

（3）配合建设单位完成创优工程资料准备和申报相关工作，参加创优工程检查验收和问题闭环整改工作。

3 安全管理

3.1 安全策划管理

（1）安全管理机构。

1）建立健全安全管理网络。工程开工前，建立健全安全保证和安全监督网络，确保各级各类管理人员到岗到位，确保专职安全员及各施工队、班组、作业点、材料站（仓库）等处的兼职（或专职）安全员到岗到位。

2）建立健全环境保护管理网络。工程开工前，建立健全环境保护管理网络，落实环境保护责任，辨识因工程建设对环境造成的危害因素，制订相应的防范和治理措施，并针对重大环境因素制订环境保护管理方案，严格执行。

（2）施工保障平台。

1）开工前，按照业主项目部编制的工程项目安全管理策划文件，并结合工程项目实际情况，组织编制项目施工安全管理策划文件，履行编审批程序，报监理项目部审查，业主项目部批准后组织实施。

2）开工前，填写项目施工主要施工机械、工器具、安全用具清单及资料，报监理项目部审查（见附录 B6 中 SAQ2）。

3）工程开工前，应根据"配置表"相应内容，编制工程开工"报验单"，并在施工过程中，按照"报验单"内容进行配置，报监理项目部审核，业主项目部审批。

4）参与业主组织的项目作业风险交底并组织施工项目部全体人员进行安全培训，经考试合格上岗；对新入场施工人员进行安全教育；组织全体施工人员进行安全交底；组织项目部施工人员按期进行身体健康检查；落实安全文明施工费，专款专用；对劳动保护用品及安全防护用品（用具）采购、保管、发放、使用进行监督管理；组织施工机械和工器具安全检验；在施工项目管理全过程中组织落实各项安全措施。

（3）安全制度落实。

1）开工前组织项目第一次安全大检查、第一次安全例会。安全例会应在检查之后举行，对前期策划准备阶段的安全工作进行总结分析，完善安全开工条件。

2）落实公司安委会决议，配合完成公司安委会、业主及监理项目部等有关单位举行的各种安全会议和活动。落实各类安全文件，做好信息交流工作。

3.2　安全风险管理

（1）工程开工前，组织本项目部所有员工学习电力安全生产工作规程，确保施工项目部管理人员、施工人员熟悉施工安全风险管理流程及相关工作。

（2）参加业主组织的现场初勘，确定本项目各工序固有风险。

（3）作业前，根据动态因素，从人、机、环境、管理四个影响因素的实际情况计算确定作业动态风险等级，建立施工安全风险动态识别、评估及预控措施台账，并根据动态风险等级采取相应措施，报监理项目部审核。

（4）作业负责人要在实际作业前组织对作业人员进行全员安全风险交底，安全风险交底与作业票交底同时进行，并在作业票交底记录上全员签字。

（5）在作业过程中，施工负责人按照作业流程对施工作业票中的作业风险控制卡逐项确认，并随时检查有无变化。

（6）三级风险的施工作业，施工班组负责人、安全员现场监护，专职安全员现场检查控制措施落实情况；四级风险的施工作业，本单位负责本专业的专职副总工程师或分公司经理现场检查，相关技术、施工、安质等职能部门派专人监督，项目经理、专职安全员现场监督；五级风险的施工作业，本单位分管领导及相关人员到现场，制定降低风险等级的措施并监督实施。三级及以上风险作业应按作业步骤对风险控制卡进行逐项确认后，方可按步骤开展作业。

（7）施工重要临时设施完成后，项目部应组织相关人员对重要临时设施进行检查，检查合格后，报监理项目部核查，核查合格后方可使用。

3.3　安全文明施工管理

（1）作为工程项目安全文明施工的责任主体，负责贯彻落实安全文明施工标准化要求，实行文明施工、绿色施工、环保施工。

（2）严格遵守国家工程建设节地、节能、节水、节材和保护环境法律法规，绿色施工，尽力减少施工对环境的影响。

（3）落实工程施工安全管理及风险控制方案中的安全文明施工管理目标及保障措施，落实工程安全标准化管理要求，负责工程项目安全标准化管理工作的具体实施，保证安全文明施工目标的实现。

（4）按规定使用安全文明施工费，工程开工前，编制配电网工程安全文明施工设施标准化配置情况汇总表（见附录 B6 中 SAQ3），明确安全设施、安全防护用品和文明施工设施的种类、数量、使用区域和计划费用，报监理项目部审核、业主项目部批准。

（5）按要求做到安全制度执行标准化、安全设施标准化、个人防护用品标准化、现场布置标准化、作业行为规范化和环境影响最小化。

（6）负责组织安全文明施工，制定施工垃圾堆放与处理措施、降噪措施等，使之符合国家、地方政府有关职业卫生和环境保护的规定。

（7）尽可能少地占耕（林）地等自然资源，严格控制基面开挖，严禁随意弃土，施工后尽可能恢复植被。采取措施控制施工中的噪声与振动，降低噪声污染。

（8）施工现场应尽力保持地表原貌，做到"工完、料尽、场地清"，现场设置废料垃圾分类回收箱。混凝土搅拌和灌注桩施工应设置沉淀池，有组织收集泥浆等废水，废水不得直接排入农田、池塘。对易产生扬尘污染的物料实施遮盖、封闭等措施，减少灰尘对大气的污染。

（9）施工过程中，施工项目部应按照工程安全文明施工设施标准化配置报验单所列内容进行配置，每日检查安全文明施工设施配置完好情况，保证满足安全施工要求。发现现场安全文明施工设施有损坏或缺少，要立即组织整改，必要时停工整改。

（10）安全文明施工标准化设施进场前，应经过性能检查、试验。施工项目部应将进场的安全文明施工标准化设施报监理项目部和业主项目部审查验收。

（11）应结合实际情况，按安全文明施工设施标准化配置要求为工程现场配置相应的安全设施，为施工人员配备合格的个人防护用品，并做好日常检查、保养等管理工作。按标准化要求布置办公区、生活区和作业现场，教育、培训、检查、考核施工人员按规范化要求开展作业，落实环境保护和水土保持措施，文明施工、绿色施工。

（12）在每月项目部安全检查过程中，组织检查工程施工安全管理在现场的实施情况。

（13）施工过程中，施工班组应每天对安全文明施工标准化设施的使用情况和施工人员作业行为进行检查，施工项目部每月至少组织一次抽查，提出改进措施，保持安全文明常态化。

（14）在工程施工过程中应及时收集、整理施工过程安全与环境方面资料。

（15）监督检查并指导专业分包商严格落实安全文明施工标准化管理要求，督促专业分包商严格按照安全文明施工"六化"要求组织施工，并进行全过程动态管理。

3.4 安全质量评价

（1）贯彻配电网工程项目安全标准化管理评价要求。

（2）参与由建设管理单位或业主项目部开展的安全标准化管理评价，对存在的问题进行整改，形成闭环管理。

3.5 分包安全管理

（1）将分包商纳入现场施工项目部安全管理体系，通过落实分包商资质审查、现场准入、教育培训、过程检查、动态考核评价等分包管理制度，对分包工程施工安全实施全过程动态管理。

（2）应建立覆盖所有分包商的现场应急处置管理体系，在发生分包安全事故（件）或突发事件时，按照国家和国家电网有限公司有关事故调查规程处置，要求逐级上报，严禁迟报、瞒报。

（3）应建立分包人员违章扣分管理制度，对分包人员违章情况进行扣分、记录、上报。

（4）应根据项目现场一线管理人员配置情况，确定同时施工的作业现场数量，严禁不顾分包管理能力盲目增加分包队伍和作业现场。

（5）将劳务分包商纳入施工班组、实行与本单位员工"无差别"的安全管理，建立劳务分包人员安全教育培训、意外伤害保险、体检等信息的劳务作业人员名册。

（6）督促专业分包商按照合同约定配备足够的起重机械、设备，督促其为分包人员配备合格工器具及安全防护用品，按规定对起重、电气、安全三类工器具进行登记、编号、检测、试验和标识管理，建立管理台账，做到物账对应，始终处于受控状态。

（7）建立机械管理台账，按照规定要求进行维护保养、检查，填写维护保养记录卡，账卡对应，确保施工机械整洁、完好、满足施工要求。

（8）开工前组织或督促分包商组织对参与施工的分包作业人员进行全员安全技术交底，形成书面交底记录，参与交底人员签字。

（9）建立固有和动态施工安全风险识别、评估、预控清册，实施分级管控，落实人员到岗到位。

（10）按照规定办理和执行安全施工作业票，并监督实施。

（11）对分包商的安全文明施工实施全过程动态管理，落实安全管理目标及保障措施，严格按照安全文明施工"六化"要求组织施工。

（12）督促分包商成立专业工程的应急组织机构，并纳入工程项目应急组织，开展应急教育培训，配备应急救援物资。施工项目部结合专业分包工作实际，完善应急机制并定期组织开展应急演练。

（13）全过程监督项目施工的关键工序、隐蔽工程、危险性大、专业性强等施工作业。

（14）建立劳务分包人员安全教育培训、意外伤害保险、体检等信息的劳务作业人员名册。

（15）负责提供劳务分包人员的个人安全防护用品、用具和劳务作业所用的手持小型施工机具和工具，劳务分包商对使用维护负责。

（16）负责编制劳务分包作业的施工方案、作业指导书（含安全技术措施）等技术文件，负责办理安全施工作业票，对参与施工作业的分包人员进行安全技术交底。

（17）劳务分包商开展风险作业时应实行"同进同出"管理，由施工项目部指定人员对作业组织、工器具配置、现场布置和人员操作进行统一组织指挥和有效监督。"同进同出"人员应熟悉作业流程、充分了解作业风险，掌握风险管控措施，并由施工项目部严格培训、考核、按作业内容任命，在分包工程开工前上报监理审核、业主项目部批准。

（18）禁止劳务分包人员独立进行三级及以上风险施工作业。

3.6 安全应急管理

（1）在项目应急工作组的统一领导下，组建现场应急救援队伍，配备应急救援物资和工器具。

（2）在办公区、施工区、生活区、材料站（仓库）等场所的醒目处，应设立施工现场应急联络牌，并张贴宣传应急急救知识类图文。

（3）根据现场需要和项目应急工作组安排，参与编制各类现场应急处置方案；参加项目应急工作组组织的应急救援知识培训和现场应急演练，填写现场应急处置方案演练记录。

（4）在项目应急工作组接到应急信息后，立即响应参加救援工作。

3.7 安全检查管理

（1）安全检查分为例行检查、专项检查、随机检查、安全巡查四种方式，安全检查以查制度、查管理、查隐患为主要内容，同时应将环境保护、职业健康、生活卫生和文明施工纳入检查范围。

（2）项目经理每月至少组织一次安全大检查。

（3）配合业主项目部等相关单位开展春季、秋季安全检查和各类专项安全检查，对检查中发现的安全隐患和安全文明施工、环境管理问题按期整改，闭环管理。对因故不能立即整改的问题，应采取临时措施，并制订整改措施计划报上级批准，分阶段实施。

（4）根据管理需要和现场施工实际情况适时开展随机检查和专项检查，及时发现并解决安全管理中存在的问题。

（5）对安全检查中发现的安全隐患、安全文明施工和现场安全通病，下达安全检查整改通知单，责任单位（分包商）或施工队（班组）负责整改。

（6）制订工程安全隐患排查治理工作计划，规范开展安全隐患治理工作，保证隐患得到有效治理；定期检查现场安全状况，对存在问题进行闭环整改，并对相关人员予以通报、处罚。

（7）各类检查中留存数码照片等影像资料，包括安全管理亮点照片、安全隐患照片、违章照片、整改后照片等。

（8）在每月召开的安全工作例会（可与每月工程例会合并）上，针对项目施工过程中和安全检查中发现的安全隐患和问题进行安全管理专题分析和总结，掌握现场安全施工动态，制定针对性措施，保证现场安全受控。

（9）发生配电网工程安全事件后，现场人员应立即向现场负责人报告，由现场负责人向本单位负责人即时报告，同时要向业主项目部、监理项目部报告。按规程规定配合安全事故调查分析与处理，按照"四不放过"要求处理。

配电网工程安全责任量化考核计分表见表3-1。

表 3-1　　　　　　　　配电网工程安全责任量化考核计分表

编号	工程施工关键点作业安全管控措施	重要性	分值	考核单位
GJ	工程施工现场关键点作业各级安全管控措施			
GJ-01	施工项目部现场关键点作业安全管控措施			
GJ-01-0001	组织项目管理人员及分包管理人员参加业主项目部组织安全技术交底及会签	极其重要	10	监理、业主项目部（建设管理单位）、交叉互查地市公司、省公司
GJ-01-0002	梳理、掌握本工程可能涉及的人身伤亡事故的风险，将其纳入项目管理实施规划、安全风险管理及控制方案等策划文件	比较重要	5	监理、业主项目部（建设管理单位）、交叉互查地市公司、省公司
GJ-01-0003	施工项目部根据工程情况编制工程安全文明施工设施标准化配置计划，并报审监理项目部进行进场验收把关，对现场检查出安全文明施工设施使用不规范情况对责任单位及人员相应考核	比较重要	5	监理、业主项目部（建设管理单位）、交叉互查地市公司、省公司

编号	工程施工关键点作业安全管控措施	重要性	分值	考核单位
GJ-01-0004	施工项目部将分包计划报审监理项目部审查，批准后上报拟分包合同及安全协议，确保分包商的施工能力满足工程需要	重要	2.5	监理、业主项目部（建设管理单位）、交叉互查地市公司、省公司
GJ-01-0005	在分包工程开工前，施工项目部向监理项目部、业主项目部报批"同进同出"人员名单以及"同进同出"作业范围。负责收集并检查"同进同出"人员的履职记录及留存的数码照片	重要	2.5	监理、业主项目部（建设管理单位）、交叉互查地市公司、省公司
GJ-01-0006	施工项目部建立配套施工作业票台账，结合工作票检查，同步检查关键点作业的每日检查记录台账	极其重要	10	监理、业主项目部（建设管理单位）、交叉互查地市公司、省公司
GJ-01-0007	落实施工项目部验收职责，认真开展施工队自检、项目部复检工作，并报审公司专检、监理初检验收，完成各级验收消缺整改工作	极其重要	10	监理、业主项目部（建设管理单位）、交叉互查地市公司、省公司
GJ-02	施工单位现场关键点作业安全管控措施			
GJ-02-0001	按要求配备施工项目经理、技术员、安全员等项目管理人员。安全员必须为专职，不可兼任项目其他岗位	比较重要	5	监理、业主项目部（建设管理单位）、交叉互查地市公司、省公司
GJ-02-0002	全面掌握公司所属在建工程施工安全作业风险，执行管理人员到岗到位要求，适时开展关键点作业安全管控措施的监督检查	极其重要	10	监理、业主项目部（建设管理单位）、交叉互查地市公司、省公司
GJ-02-0003	在配电线路工程杆塔组立前和架线前等关键环节，组织开展公司级专检验收工作，对施工项目部一、二级自检进行把关检查，督促整改	极其重要	10	监理、业主项目部（建设管理单位）、交叉互查地市公司、省公司
GJ-02-0004	组织开展配农网工程关键点作业日常安全监督检查，对检查中发现的问题及时予以现场整改、通报批评，并对相关责任单位及责任人进行考核	极其重要	10	监理、业主项目部（建设管理单位）、交叉互查地市公司、省公司
GJ-02-0005	严格审查专项施工方案是否根据现场实际编制，对经过审批的施工方案现场执行不严格的，追究现场管理人员、施工负责人的责任	极其重要	10	监理、业主项目部（建设管理单位）、交叉互查地市公司、省公司
GJ-02-0006	对现场施工违反规定与要求的分包商，责令其改进或停工整顿，依据分包施工合同进行考核。对安全管控措施落实不到位、存在问题拒不整改的分包商、分包商项目经理及主要管理人员、分包人员清除出场，并报告建设单位，提出永久禁入建议	极其重要	10	监理、业主项目部（建设管理单位）、交叉互查地市公司、省公司

4 质量管理

4.1 施工策划阶段质量管理

（1）建立健全项目质量管理体系，明确工程质量目标，落实质量管理各项职责分工。施工合同签订后，施工单位应与施工项目经理签订法定代表人授权书，施工项目经理签订工程质量承诺书。

（2）在项目管理实施规划中编制标准工艺施工策划章节，落实业主项目部提出的标准工艺实施目标及要求，执行施工图工艺设计相关内容。

（3）编制施工质量验收及评定范围划分表（见附录 B7 中 SZL1），并报审。

（4）在业主项目部的组织下，参加设计交桩工作，履行交接桩手续。

4.2 施工准备阶段质量管理

（1）施工现场使用的计量器具、检测设备，建立计量器具台账，并定期更新。

（2）根据施工质量验收规范和检测标准的要求编制工程检测试验项目计划，并报监理项目部审查。

（3）施工项目部参与或负责到场设备、原材料的进货检验（开箱检验）（见附录 B7 中 SZL2）、试验、见证取样、保管工作并报审，不符合要求时，向监理单位报工程材料、构配件、设备质量问题处理单（见附录 B7 中 SZL5）；将不合格产品隔离、标识，单独存放或直接清退出场。待缺陷处理后，再报审。

（4）对施工过程中所选用的特种作业人员资格进行报审（见附录 B7 中 SZL4）。

4.3 施工阶段质量管理

（1）及时参加标准工艺实施分析会，制定并落实改进工作的措施，全面实施标准工艺。

（2）向监理项目部提交甲供材料开箱检查申请（见附录 B7 中 SZL3），参加监理项目部组织的后续到场甲供材料和设备的交接验收及开箱检查，做好材料和设备的保管、运输及使用，加强现场使用前的外观检查，发现设备材料质量不符合要求时，向监理项目部报工程材料、构配件、设备缺陷通知单，提请监理项目部及业主项目部协调解决。

（3）对后续新进人员、设备按规定报审。

（4）根据工程进展，做好施工工序的质量控制，严格工序验收，上道工序未经验收合格不得进入下道工序，确保施工质量满足质量标准和验收规范的要求，如实填写施工记录。加强如下工程重点环节、工序的质量控制：

1）基础施工：江中、河中基础；在工程首次应用的新型基础；基础冬期施工、大体积混凝土基础等。

2）铁塔工程：高塔、耐张塔结构倾斜等。

3）架线工程：导地线弧垂控制、防磨损措施；导、地线压接；对铁路、高速公路、10kV及以上电压等级输电线路等特殊跨越的净空距离控制等。实施施工首次试点，做好牵张设备、液压设备、滑车等影响工程质量的主要工器具，操作人员资质及成品质量的跟踪检查。

（5）施工项目部每月至少召开一次质量工作例会（可与每月工程例会合并），施工队（班组）每周召开一次质量例会，同时积极参加由业主项目部组织的质量分析会，配合质量专项检查活动。

（6）全面实施标准工艺，落实质量通病防治措施。按照标准工艺实施策划，采用随机和定期的检查方式进行质量检查，对过程标准工艺的实施情况及质量通病预防措施的执行情况进行检查。对质量缺陷进行闭环整改，并确认整改结果。填写过程质量检查表和工程质量问题处理单（见附录B5中SXM7）。

（7）对分包工程实施有效管控，监督分包商按照工程验收规范、质量验评、标准工艺等组织施工，对隐蔽工程等关键工序（部位）进行过程控制，及时向监理项目部提报监理告知单（见附录B7中SZL6）。

（8）对监理项目部提出的施工存在的质量缺陷，认真整改，及时填写监理通知回复单（见附录B5中SXM8）。

（9）配合各级质量检查、质量监督、质量验收等工作，对存在的质量问题立即整改。

（10）在接到工程暂停令后，针对监理项目部指出的问题，采取整改措施，整改完毕，就整改结果逐项进行自查，并填写自查报告并向监理项目部申请工程复工。

（11）按照相关工程管控系统要求，组织做好施工阶段工程项目质量数据维护、录入工作；按照档案管理要求，及时将工程质量管理的相关文件、资料整理归档。

（12）及时采集、整理数码照片、影像资料，利用数码照片等手段加强施工质量过程控制。

（13）发生质量事件后，实行即时报告制度。工程质量事件发生后，现场有关人员应立即向现场工作负责人报告；现场工作负责人接到报告后，应立即向施工单位负责人报告；各有关单位接到质量事件报告后，应根据事件等级和相应程序上报事件情况。按照质量事件等级及时上报工程质量事件报告表，配合做好质量事件调查、方案整改及处理工作。及时填报处理方案报审表、处理结果报验表。

（14）结合工程实际情况，积极开展QC活动。

4.4 施工验收阶段质量管理

（1）按照工程验评范围划分，执行三级自检（见附录 B7 中 SZL7、SZL8）（班组自检、项目部复检、公司级专检）制度，做好隐蔽验收签证记录、三级检验记录、工程验评记录及质量问题管理台账，要求内容真实，数据准确并应与工程进度保持同步。

（2）劳务分包工程班组自检由施工总包单位组织开展，专业分包工程班组自检由分包商开展，项目部复检及公司级专检由总包和分包单位共同开展，共同签字。

（3）项目部复检整改完成后，出具公司级专检申请表，申请公司级专检。

（4）三级自检通过后，出具自检报告，及时向监理项目部申请监理初检，对存在的问题进行闭环整改。积极配合工程各阶段验收工作，完成整改项目的闭环管理。

（5）在工程竣工验收阶段，配合建设管理单位的标准工艺验收工作。

（6）配合编写工程阶段施工质量情况汇报，完成整改项目的闭环管理。

（7）经监理项目部审核后，向业主项目部提交竣工档案资料。

4.5 项目总结评价阶段质量管理

（1）编写工程总结质量部分及质量通病防治工作总结，总结工程质量、标准工艺应用及质量通病防治工作管理中好的经验和存在的问题，分析、查找存在问题的原因，提出工作改进措施。

（2）参与建设管理单位组织的工程达标投产考核和优质工程自检工作，配合国网公司、省公司完成优质工程复检、核检工作。

（3）按合同约定实施项目投产后的保修工作。

5 造价管理

5.1 成本控制管理

（1）根据本单位签订的工程建设合同及工程进度计划，编制年（或季）度资金使用计划。

（2）根据审定的施工图设计文件、设计工程量管理文件编制施工预算，控制、指导施工各项费用支出，对价款使用进行控制、分析、反馈。

5.2 进度款管理

（1）依据工程项目实际进度编制进度款报审表（见附录 B8 中 SZJ1），报监理项目部审核后，报送至业主项目部审批。

（2）在设备、材料到货验收单签署施工项目部意见。

5.3 施工结算管理

（1）依据工程建设合同及四方确认的竣工工程量文件（包含设计变更单及现场签证单）编制工程施工结算书，上报至施工单位对口管理部门，由其对口管理部门统一报送至监理项目部、业主项目部和建设管理单位审批。

（2）完成本项目部管理范围内工程各参建单位的结算。

（3）配合业主项目部完成合同的阶段性结算工作。

（4）工程结算完成后，配合相关单位将结算数据与批准概算、施工图预算进行对比分析，查找差异、分析原因，衡量评价设计质量、工程造价管理水平。

5.4 工程量管理

（1）工程实施阶段，根据施工设计图纸、工程设计变更及现场签证单，核对施工工程量，配合业主项目部编制施工工程量文件。

（2）竣工结算阶段，与业主项目部、监理项目部及设计单位共同核对竣工工程量，配合业主项目部编制竣工工程量文件。

5.5 设计变更及现场签证管理

（1）由施工项目部提出的设计变更，负责出具设计变更联系单（见附录 B8 中 SZJ2）并报送设计单位。

（2）配合完成设计变更审批单确认手续（见附录 B8 中 SZJ3）。

（3）负责及时提出工程实施过程中发生的现场签证，出具现场签证审批单，履行现场签证审批单确认手续（见附录 B8 中 SZJ4）。

（4）负责按照经批准的设计变更与现场签证组织实施。

5.6 财务决算及审计配合

（1）配合施工单位财务、审计部门完成工程财务决算、审计以及财务稽核工作。

（2）配合开展工程结算督察工作。

6 技术管理

6.1 施工技术管理

（1）根据工程特点，建立技术标准执行清单，并进行现场配置。掌握最新技术标准和相关规定，并及时进行更新。

（2）组织施工图预检，形成图纸预检记录，在施工图会检前提交监理项目部；参加业主项目部组织的设计交底和施工图会检。

（3）组织编制施工方案（措施），经施工单位审批后，报监理项目部审批（见附录 B9中 SJS1）。施工方案（措施）执行过程中，如施工方法、机械（机具）、环境等条件发生变化，应及时对施工方案（措施）进行修订或补充，并向监理项目部进行报批。对深基坑、大型起重机械安拆及作业等超过一定规模的危险性较大的分项工程制定专项施工方案（含安全技术措施），经监理项目部审核后，报业主项目部批准后实施。

（4）负责施工图和设计变更的接收、登记及发放。设计变更发放范围与施工图发放范围一致。

（5）根据需要编制施工项目部的培训计划，组织实施施工项目部员工上岗前的培训。对劳务分包人员进行必要的技术培训。对专业分包商的培训工作进行监督。

（6）执行三级技术交底制度。在工程实施前，项目经理应组织有关技术管理部门依据项目管理实施规划、工程设计文件、施工合同和设备说明书等资料制定技术交底提纲，对项目部主要管理人员及分包单位有关人员进行交底。施工项目作业前，技术员根据施工图纸、设备说明书、已批准的施工方案、作业指导书及上级交底相关内容等资料拟定技术交底提纲，并对全体作业人员进行交底。工期较长的施工项目，除开工前交底外，至少每月再交底一次；重大危险项目（如吊车拆卸、高塔组立、"三跨"等），在施工期内宜逐日交底。技术交底必须有交底记录（见附录 B9中 SJS2），交底人和被交底人履行全员签字手续（对于工期较长施工项目的每月交底、重大危险项目的每日交底，可将作业票和站班会记录作为交底记录）。

（7）由施工项目部提出的非设计原因引起的设计变更，技术员填写设计变更联系单（见附录 B8中 SZJ2），经监理项目部编号后交设计单位出具设计变更审批单；设计变更单（包括设计原因引起的设计变更和非设计原因引起的设计变更）和现场签证单执行完毕后，填写设计变更（现场签证）执行报验单（见附录 B9中 SJS3）报监理项目部。

（8）当存在技术标准差异等技术争议问题，技术员填写工作联系单报监理项目部、业主项目部确定解决意见并在施工中执行。

（9）组织检查项目管理实施规划、技术方案的执行情况，纠正或制止违规现象；解决现场技术问题。施工人员及时填写施工记录和工程签证。

（10）对工程安全和质量，从技术方面提供保证措施；参加工程的安全、质量事故（事件）分析。

（11）及时收集施工技术标准执行中存在的问题、各标准间差异，提出修订建议，形成技术标准问题及标准间差异汇总，竣工验收前上报监理项目部和业主项目部。

（12）参与工程过程检查、中间验收、竣工验收，对相关技术把关。

（13）负责施工技术资料的整理、审核工作。

（14）负责向设计单位提供竣工草图及全部变更设计文件，作为设计单位编制竣工图的依据。

（15）编制施工技术管理小结汇入工程总结。

6.2 施工新技术研究与应用

（1）执行国家电网公司在配电网建设改造新技术推广应用方面的有关要求。

（2）结合工程具体情况，从《国家电网公司重点推广新技术目录》中选取适用的施工新技术，合理配置相关施工装备，按照相关技术规范实施应用。当选用推广目录以外的新技术时，提前开展专题论证，并向业主项目部汇报。应用新技术的工程项目，按时上报新技术成果应用情况，配合上级单位完成相关工作。

（3）结合工程实际情况，组织开展科技进步、工法等科技创新工作。

（4）对于施工类配电网建设改造新技术研究项目依托工程，合理配置相关施工装备，按要求开展新技术研究工作。

附录A 名词术语

1. 省级公司

省级公司是指国家电网有限公司直属建设分公司及省、直辖市、自治区电力公司的简称。

2. 地市公司

地市公司是指省级电力公司下属的地市级供电公司的简称。

3. 县级公司

县级公司是指地市级供电公司下属的县级供电公司的简称。

4. 建设管理单位

建设管理单位是指受项目法人单位委托对电网项目进行建设管理的各级单位。

5. 施工项目经理

施工企业法定代表人在建设工程项目上的授权委托代理人。

6. 施工分包

施工项目部将其承包工程中专业工程或劳务作业发包给其他具有相应资质等级的施工单位完成的活动。

7. 标准工艺

标准工艺是对公司配电网工程质量管理、工艺设计、施工工艺和施工技术等方面成熟经验、有效措施的总结与提炼，从而形成的系列成果，由最新版的配电网工程典型设计和标准工艺图册、施工技术交底手册等组成，经省公司统一发布、推广应用。

8. 达标投产

达标投产是在配电网电工程建成投产后，在规定的考核期内，按照统一的标准，对投产的各项指标和建设过程中的工程安全、质量、工期、造价、综合管理等进行全面考核和评价的工作。

9. 安全文明施工费

安全文明施工费是安全生产费、文明施工费和环境保护费三部分费用的总称。安全生产费是指企业按照规定标准提取在成本中列支，专门用于完善和改进企业或者项目安全生产条件的资金。文明施工费是指施工现场按照文明施工、绿色施工要求采取的文明保障措施所发生的费用。环境保护费是指施工现场为达到环保部门要求做需要的各项费用。

10. 工程量管理

工程量管理是工程项目实施过程中，依据设计图纸、工程设计变更和经审核确认的工程联系单等，按照《电力建设工程工程量清单计价规范》的工程量计算规则，对施工工程量进行的计算、统计和审核等管理工作。

11. 工程结算

工程结算是指对工程发承包合同价款进行约定和依据合同约定进行工程预付款、工程进度款、工程竣工价款结算的活动。工程结算范围包括工程建设全过程中的建筑工程费、安装工程费、设备购置费和其他费用等。

12. 设计变更

设计变更是指工程实施过程中因设计或非设计原因引起的对施工图设计文件的改变。

13. 六化

安全制度执行标准化、安全设施标准化、个人防护用品标准化、现场布置标准化、作业行为规范化和环境影响最小化。

14. 现场签证

现场签证是在施工过程中除设计变更外，其他涉及工程量增减、合同内容变更以及合同约定发承包双方需确认事项的签认证明。

15. 工程审计

检查工程会计凭证、会计账簿、会计报表以及其他与财务收支有关的资料和资产，监督财务收支真实、合法和效益的行为。工程审计是工程结算的监督行为，是审计部门的职责。

附录 B 施工项目部标准化管理模板

B1 配电网工程项目总体管理流程图（见图 B1）

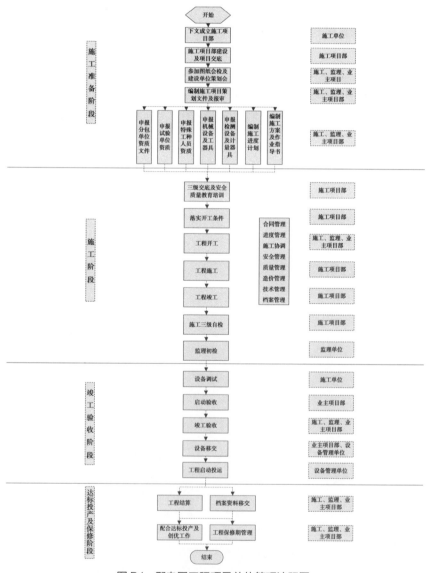

图 B1 配电网工程项目总体管理流程图

B2 施工项目部综合评价表（见表 B1）

表 B1 施工项目部综合评价表

序号	评价指标	标准分值	考核内容及评分标准	扣分	扣分原因
一			施工项目部标准化建设（15分）		
1	项目部组建	6分	项目部组建和管理人员任职资格符合公司相关要求 （查任命文件、资格证书。无任命文件扣1分；项目部管理人员与资格报审表不一致，每人扣1分；未经业主批准同意并履行相应手续的，每人扣0.5分；人员配备数量不满足要求，每缺一人扣1分）		
2	项目部资源配置	5分	施工项目部办公设施、交通工具、规程规范和标准的配备满足要求；施工班组驻点、材料站等选址合理办公及生活设施配备满足需要。 （对照相关要求，查项目部办公、生活设施、交通工具、规程规范和标准、施工班组及材料站设置与设施配备情况。与投标承诺有明显差异、不满足实际需要或不符合要求，每项扣0.5分）		
3	项目管理提升	4分	对业主项目部和监理项目部提出的问题进行闭环整改，制定并落实针对性管理措施。 （查工程现场及相关检查记录、整改资料。存在未闭环整改或同类重复出现的问题，每项扣1分）		
二			重点工作开展情况（85分）		
1	策划管理	6分	项目管理实施规划、施工安全管理及风险控制方案、施工质量通病防治措施、施工质量验收及评定范围划分表等策划文件编制符合公司有关要求，科学合理、有针对性、符合工程实际，指导性强，编审批及报审手续完备。策划文件与实际实施一致，建设条件变化时及时修编。 （查项目管理策划文件，报审记录等。每缺少一项扣2分；存在内容不全面、不符合要求、方案未结合工程实际、引用过期文件、报审不及时、编审批不符合要求等不规范现象，每项扣1分；修编不及时，每项扣1分；批准后的策划文件关键内容与实际实施存在明显差异，每项扣2分）		
2	项目管理	22分	及时组织宣贯上级文件，来往文件记录清晰。每月编制施工月报并及时报送监理项目部。 （查文件及收发文记录、宣贯记录、施工月报。每缺少一份文件，扣0.5分；未宣贯，每项0.5分；未编制施工月报或无实质性内容、未及时上报，每次扣1分）		
			工程档案完整、字体规范、载体合格，移交及时。 （查工程档案。缺项或内容不完整、不规范，每项/份扣0.3分；工程档案未与工程建设同步形成，每项/次扣0.3分；未按时移交，每项扣1分）		
3	安全管理	20分	组织全体人员进行安全培训，经考试合格上岗；对新入场施工人员进行安全教育（3分）。 （查岗前培训和专项培训资料。未进行培训扣2分；未组织岗前安全培训教育和考试，每人扣0.2分；教育和培训记录存在代考/代签现象的，按未参加培训教育扣分）		

序号	评价指标	标准分值	考核内容及评分标准	扣分	扣分原因
3	安全管理	20分	组织全体施工人员进行安全技术交底（3分）。 （查交底记录。未进行全员安全技术交底，每次扣1分；未全员签字或存在代签现象，每人扣0.2分；交底内容针对性差、过于简单，或后补交底过程材料等，按未开展此类工作扣分）		
			施工安全风险识别评估及预控措施（2分）。 （查相关资料，未按规定开展相关工作，每项扣1分；工作开展不规范或不符合要求，每项扣0.5分）		
			贯彻落实安全文明施工标准化要求，实现文明施工、绿色施工、环保施工（3分）。 [查现场布置。安全防护设施配置不统一、不规范每处扣0.2分；安全文明施工类物品（包括：安全帽、安全带、速差自控器、安全自锁器、下线爬梯、验电器、接地线等）的管理和使用不符合规定，每类扣0.3分]		
			组织和配合现场安全检查工作，对检查中发现的各类安全隐患及时整改闭环（3分）。 （查安全检查提纲、检查表、安全检查整改通知单、安全检查整改报告及复检单等。未按规定每月至少组织一次安全检查，缺少一次扣0.5分；未对业主、监理及自行组织的安全检查所发现的问题进行整改闭环，每项扣0.3分）		
			填写分包计划申请表及施工分包申请表，报审分包商资质、安全协议及人员资格，对分包人员进行培训、考试、建立台账考勤以及安全防护用品配备、安全交底、分包作业监督等（4分）。 [查报审表和记录、招标及投标文件，检查分包计划、分包申请、人员、机械入场审核流程、分包合同、安全协议签订的规范性（合同主体、条款、时间以及与招投标文件的对应等）以及分包人员培训、考试、台账、保险、考勤和安全防护用品配备、安全交底、分包作业监督、动态监管等。存在缺项、虚假材料、内容不规范或工作不符合要求，每处扣0.3分；分包内容与招标文件要求及投标承诺不符，扣3分]		
			组建现场应急救援队伍，配备应急救援物资和工器具，参加应急救援知识培训和现场应急演练（2分）。 （查应急队伍组建、物资准备情况、现场应急处置方案演练记录。未按要求组建现场应急救援队伍，扣1分；未配备应急救援物资和工器具，或未落实管理人员及责任，扣1分；应急救援物资和工器具配备不全，每缺少一项扣0.5分；未填写现场应急处置方案演练记录，扣0.5分）		
4	质量管理	20分	对特殊工种和特殊作业人员资格、主要施工机械/工器具/安全用具、大中型施工机械进场/出场进行检查并报审（3分）。 （查报审记录。特种作业人员未做到持有效证件上岗，每人扣0.2分；证件不合格、过期、存档证件复印件不清楚按无证作业扣分；未向监理项目部报审特殊工种/特殊作业人员、主要施工机械/工器具、安全用具、报审大中型施工机械进场/出场，每缺一项扣0.2分）		

序号	评价指标	标准分值	考核内容及评分标准	扣分	扣分原因
4	质量管理	20分	落实质量通病防治措施，工程结束后进行总结（2分）。 （查工程实体、通病防治技术交底、通病防治工作总结。工程实体发现质量通病，每处扣0.5分；无质量通病防治过程检查资料，扣0.5分；无通病防治工作总结，扣0.5分）		
			全面实施标准工艺，对过程标准工艺的实施情况及质量通病预防措施的执行情况进行检查，对质量缺陷进行闭环整改（2分）。 （查宣贯和培训记录、会议纪要、检查整改记录。缺少标准工艺宣贯和培训记录、检查记录，每次扣0.5分；未按要求应用《国家电网公司配电网工程典型设计》标准，每项扣0.2分）		
			对计量器具、检测设备建立台账并报审，对试验（检测）单位资质进行报审（2分）。 [查计量器具台账、主要测量计量器具/试验设备检验报审表、试验（检测）单位资质报审表，每缺一项扣0.5分]		
			对主要材料或构配件、设备生产厂家的资质证明文件进行报审，对原材料进行跟踪管理（2分）。 （查乙供主要材料及构配件供货商资质报审表、乙供工程材料/构配件/设备进场报审表、钢筋、水泥跟踪管理记录。钢筋和水泥台账每缺一项扣0.2分；台账不规范每项扣0.1分；原材料质量证明文件和复检试验记录不完备或不规范，每类扣0.2分）		
			编制、收集设备安装记录（施工记录）及试验报告、隐蔽工程检查记录、签证书等资料（3分）。 [查安装记录（施工记录）及试验报告、隐蔽工程检查记录签证书。缺少一份扣0.3分；不规范每份扣0.2分]		
			按规定开展质量活动并对质量缺陷进行闭环管理（1分）。 （查整改记录，会议纪要。每缺一次扣0.5分，未进行闭环管理每次扣0.3分）		
			执行三级自检，做好三级检验记录、工程验评记录及质量问题管理台账；配合做好监理初检、中间验收、竣工验收、启动验收，落实职责，做好存在问题的闭环整改（3分）。 （查三级自检记录、工程验评记录及质量问题管理台账，每缺一份扣1分；验收走过场，质量缺陷未整改或在下一级验收中重复出现，每类扣0.5分）		
5	造价管理	9分	编制工程预付款及进度款报审表并报审（2分）。 （查施工工程款报审资料。进度款支付申请工程量不准确，每次扣1分）		
			编制现场签证审批单并报审，执行工程现场签证管理制度，履行现场签证审批手续（2分）。 （查现场签证审批单。存在后补现场签证，每份扣1分；签证原因、内容表述不清，每份扣0.5分。审批手续不全或不符合规定，每份扣1分）		
			核对施工工程量，配合业主项目部编制施工工程量文件及竣工工程量文件（2分）。 （未配合或未有效配合业主项目部编制施工工程量文件及竣工工程量文件，每项扣0.5分；工程量不准确，每项扣0.5分）		

序号	评价指标	标准分值	考核内容及评分标准	扣分	扣分原因
6	技术管理	8分	对施工图进行预检，形成预检意见（1分）。 （查施工图预检记录。未按规定开展施工图预检，每次扣1分）		
			建立技术标准执行清单并及时进行更新（1分）。 （查技术标准执行清单。未建立清单扣1分；有未更新项每项扣0.5分）		
			编制施工方案（措施）、作业指导书并履行审批程序，审批后进行技术交底，监督技术方案在现场的实际执行（4分）。 （查施工技术方案/措施、作业指导书及报审表、交底记录。方案未编制或缺乏可操作性，每份扣1分；编审未签字或签字手续不规范，或未按规定流程报审和审核的，每份扣0.5未按规定在施工前进行技术交底、交底时未履行签字手续或签字手续不规范，每份扣0.2分；施工方案与现场实际执行不符每项扣2分）		
			提出设计变更时，编写设计变更联系单，履行设计变更审批手续，严格执行审批后的设计变更。设计变更单执行完毕后，填写设计变更执行报验单并履行报验手续（2分）。 [查设计变更联系单、（重大）设计变更审批单，设计变更执行报验单。设计变更联系单、（重大）设计变更审批单未履行审批手续，每份扣0.3分；设计变更完毕未履行报验手续，每份扣0.2分；未严格执行设计变更，每项2分]		
三			工作成效（减分项）		
1	进度管理		因施工单位原因造成开工延迟，每延迟1项单体工程扣1分；因施工单位原因造成投产延迟，每延迟1项单体工程扣2分（本项扣分最多不超过20分）		
2	安全管理		因施工单位原因未实现施工承包合同安全目标，扣20分		
3	质量管理		因施工单位原因未实现施工承包合同质量目标，扣20分		

注　每分项扣分最多不超过本分项标准分值。

B3 分包单位考核评价表（见表 B2）

表 B2 分包单位考核评价表

工程名称				项目编号：	
施工承包商			分包商		
分包性质			分包类别		
评价内容		标准分值	施工项目部单位评价分		监理单位复核评分
一、安全文明施工		30 分			
1. 进入现场佩戴胸卡证，配备合格的个人安全防护用品、用具		5			
2. 全员安全交底、签字		5			
3. 按照"六化"要求组织施工		5			
4. 按规定执行施工作业票		5			
5. 施工安全风险管控到位		10			
二、工程实体质量及标准工艺应用		25 分			
1. 按图施工，不随意变更		5			
2. 按批准的施工方案组织施工		5			
3. 积极参加工程质量竞赛活动、优质工程创建活动		3			
4. 质量通病防治效果明显		3			
5. 标准工艺执行率 100%		3			
6. 对隐蔽工程等关键工序（部位）进行过程控制		3			
7. 质量问题或缺陷整改闭环		3			
三、人员配备及资质（格）		20 分			
1. 人员资质满足要求		5			
2. 核心人员资格及到岗到位率		5			
3. 建立进场人员花名册及各类培训入场教育考试台账，实行动态管理		5			
4. 作业人员施工水平		5			
四、分包工程进度		10 分			
1. 按照批准的施工进度计划进行施工或作业		5			
2. 未因拖欠分包作业人员的工资，工程施工期间未发生劳务纠纷而影响施工		5			

评价内容	标准分值	施工项目部单位评价分	监理单位复核评分
五、合同履约	10分		
1. 分包工程合同履约率100%	3		
2. 落实安全协议条款100%	3		
3. 自行完成合同内容，未再次进行违规分包	4		
六、服从管理	10分		
评价总得分	100分		
施工项目部评价人签字		项目监理单位签字	
业主项目部评价	总体评级： □优良　□一般　□较差 评价人签字：　　　　评价日期：		

注　评价总得分90分及以上为优良，70至89分为一般，70分以下为较差。

B4 施工项目部设置部分

SSZ1：施工项目部组织机构成立通知

关于成立工程施工项目部的通知

各有关单位、部门：

为确保工程的顺利完成，按照配电网建设改造标准化管理的相关要求，成立工程施工项目部，履行项目管理职责。其人员组成如下：

项目经理：

项目安全员：

项目质检员：

项目技术员：

项目造价员：

项目部资料信息员：

材料员：

综合管理员：

施工协调员：

特此通知

施工单位（章）：

年 月 日

说明：施工项目部组织结构应发文以文件形式成立，本模板为推荐格式。

B5　项目管理部分

SXM1：施工项目部管理人员资格报审表

施工项目部管理人员资格报审表

工程名称：　　　　　　　　　　　　　　　　　　　　　　　编号：SXM1-SG××—×××

致监理项目部： 　　　现报上本项目部主要施工管理人员名单及其资格证件，请查验。工程进行中如有调整，将重新统计并上报			
姓名	岗位	证件名称	有效期至
附件：相关资格证件 　　　　　　　　　　　　　　　　　　　　施工项目部（章）： 　　　　　　　　　　　　　　　　　　　　项目经理： 　　　　　　　　　　　　　　　　　　　　日　　期：			
监理项目部审查意见： 　　　　　　　　　　　　　　　　　　　　监理项目部（章）： 　　　　　　　　　　　　　　　　　　　　总监理工程师： 　　　　　　　　　　　　　　　　　　　　日　　期：			

注　本表一式 ____ 份，由施工项目部填报，业主项目部、监理项目部各一份，施工项目部存 ____ 份。

填写、使用说明

（1）主要施工管理人员包括项目经理、专职质检员、专职安全员等。

（2）按有关规定，项目经理、专职质检员、专职安全员必须经过相关培训，持证上岗。

（3）施工项目部应对其报审的复印件进行确认，并注明原件存放处。

（4）监理项目部审查要点：

1）主要施工管理人员是否与投标文件一致。

2）人员数量是否满足工程施工管理需要。

3）更换项目经理是否经建设管理单位书面同意。

4）应持证上岗的人员所持证件是否有效。

SXM2：项目管理实施规划报审表（附件：项目管理实施规划／施工组织设计）

项目管理实施规划报审表

工程名称：   编号：SXM2-SG×ד×××

致监理项目部：
我方已根据施工合同的有关规定完成了×××配电网工程项目管理实施规划（施工组织设计）的编制，并经我单位主管领导批准，请予以审查。 　　附件：项目管理实施规划／施工组织设计   　　　　　　　　　　　　　　　　　　　　　　　　施工项目部（章）： 　　　　　　　　　　　　　　　　　　　　　　　　项目经理： 　　　　　　　　　　　　　　　　　　　　　　　　日　　期：
监理项目部审查意见：   　　　　　　　　　　　　　　　　　　　　　　　　监理项目部（章）： 　　　　　　　　　　　　　　　　　　　　　　　　总监理工程师： 　　　　　　　　　　　　　　　　　　　　　　　　专业监理工程师： 　　　　　　　　　　　　　　　　　　　　　　　　日　　　　期：
业主项目部审批意见：   　　　　　　　　　　　　　　　　　　　　　　　　业主项目部（章）： 　　　　　　　　　　　　　　　　　　　　　　　　项目经理： 　　　　　　　　　　　　　　　　　　　　　　　　日　　期：

注　本表一式＿＿＿份，由施工项目部填报，业主项目部、监理项目部各一份，施工项目部存＿＿＿份。

填写、使用说明

（1）项目管理实施规划（施工组织设计）应由项目经理组织编制，施工单位相关职能管理部门审核，施工企业技术负责人批准。文件封面的落款为施工单位名称，并加盖施工单位章。

（2）监理项目部应从文件的内容是否完整，施工总进度计划是否满足合同工期，是否能够保证施工的连续性、紧凑性、均衡性；总体施工方案在技术上是否可行，经济上是否合理，施工工艺是否先进，能否满足施工总进度计划要求，安全文明施工、环保措施是否得当；施工现场平面布置是否合理，是否符合工程安全文明施工总体策划，是否与施工总进度计划相适应、是否考虑了施工机具、材料、设备之间在空间和时间上的协调；资源供应计划是否与施工总进度计划和施工方案相一致等方面进行审查，提出监理意见。

附件

×××× 工程
项目管理实施规划／施工组织设计

施工单位（章）
年　月　日

批　　准：　（企业技术负责人）　　　　　　　　　　　　年　月　日

审　　核：　（企业安全管理部门）　　　　　　　　　　　年　月　日

（企业质量管理部门）　　　　　　　　　　　　　　　　　年　月　日

（企业技术管理部门）　　　　　　　　　　　　　　　　　年　月　日

编　　写：　　　　　　（项目经理）　　　　　　　　　　年　月　日

（主要编写人员）　　　　　　　　　　　　　　　　　　　年　月　日

目　次

SXM3：施工进度计划报审表（附件：停电计划需求表）

施工进度计划报审表

工程名称：   编号：SXM3-SG××—×××

致监理项目部： 　　现报上工程施工进度计划 / 停电计划需求表，请审查。 　　附件：工程施工进度计划（横道图）/停电计划需求表   施工项目部（章）： 项目经理： 日　　期：
监理项目部审查意见：   监理项目部（章）： 总监理工程师： 专业监理工程师： 日　　　期：
业主项目部审批意见：   业主项目部（章）： 项目经理： 日　　期：

注 本表一式＿＿份，由施工项目部填报，业主项目部、监理项目部各一份，施工项目部存＿＿份。

附件

停电计划需求表

工程名称：   编号：

序号	主要工作内容	停电设备及范围	计划停电时间	停电天数	备注
1					
2					
3					
4					
5					
6					
7					
8					
9					
10					

联系人：   填报时间：

注 本表格为推荐模板。

SXM4：工程开工报审表

工程开工报审表（10kV 及以下配电网工程）

工程名称：   编号：SXM4-SG×× —×××

致 _____ 监理项目部：
我方承担建设的 _____ 工程，已完成开工前各项准备工作，特申请于 ___ 年 ___ 月 ___ 日开工，请审查。 　　□ 批次工程项目管理实施规划已审批。 　　□ 业主项目部已组织设计、安全技术交底和施工图会检。 　　□ 相关工程施工方案按要求编审后，监理项目部已审查、业主项目部已审批。 　　□ 完成项目部主要施工负责人及分包单位有关人员交底工作。 　　□ 物资、材料能满足连续施工的需要，质量合格，如不符合要求时，督促责任厂家更换。 　　□ 主要测量、计量器具的规格、型号、数量、证明文件等内容符合规定，并与实际相符。 　　□ 主要施工机械、工器具、安全防护用品（用具）的安全性能证明文件，重要设施（大中型起重机械、跨越架，施工用电等）安全检查签证等内容，与相关报表一致。 　　□ 对进场的施工人员，包括分包人员，已进行安全技术培训，经考试合格，并报监理、业主项目部备案。   施工项目部（章）： 项目经理： 日　　期：
监理项目部审查意见：   监理项目部（章）： 总监理工程师： 日　　期：
建设管理单位（业主项目部）审批意见： □ 工程已经核准   建设管理单位（章）： 项目经理： 项目管理中心主任： 日　　期：

注　本表一式 ___ 份，由施工项目部填报，业主项目部、监理项目部各一份，施工项目部 ___ 份。

填写、使用说明

（1）监理部审查确认后在框内打"√"。

（2）业主项目部审查确认后在"□工程已经核准"打"√"。

（3）监理项目部审查要点：

1）工程各项开工准备是否充分。

2）相关的报审是否已全部完成，未核准项目原则上不允许开工。

3）是否具备开工条件。

SXM5：工程复工申请表

工程复工申请表

工程名称：   编号：SXM5-SG××—×××

致监理项目部：
第　号工程暂停令指出的工程停工因素现已全部消除，具备复工条件。特报请审查，请予批准复工。 　　附件：复工申请报告。   施工项目部（章）： 项目经理： 日　　期：
监理项目部审查意见：   监理项目部（章）： 总监理工程师： 日　　期：

注 本表一式____份，由施工项目部填报，业主项目部、监理项目部各一份，施工项目部存____份。

填写、使用说明

（1）施工项目部在接到《工程暂停令》后，针对监理部指出的问题，采用整改措施，整改完毕，就整改结果逐项进行自查，并应写出自查报告，报监理项目部。

（2）监理项目部审查要点：

1）整改措施是否有效。

2）停工因素是否已全部消除。

3）是否具备复工条件。

（3）本文件必须由总监理工程师签字。

SXM6：会议纪要（附件：会议签到表）

会　议　纪　要

工程名称：　　　　　　　　　　　　　　　　　　　　　　　签发：

会议地点		会议时间	
会议主持人			
会议主题：			
本次会议内容：			
主送单位			
抄送单位			
发文单位		发文时间	

会议签到表

姓　名	工作单位	职务 / 职称	电　话

SXM7：监理通知回复单

监理通知回复单

工程名称：　　　　　　　　　　　　　　　　　　　　　　　编号：SXM7-SG×× — ×××

致　　　监理项目部：
我方接到编号为　　　　的监理通知后，已按要求完成了　　　　工作，现报上，请予以复查。 详细内容： 附件：   　　　　　　　　　　　　　　　　　　　　　　　施工项目部（章）： 　　　　　　　　　　　　　　　　　　　　　　　项目经理： 　　　　　　　　　　　　　　　　　　　　　　　日　　　期：
监理项目部复查意见：   　　　　　　　　　　　　　　　　　　　　　　　监理项目部（章）： 　　　　　　　　　　　　　　　　　　　　　　　总 / 专业监理工程师： 　　　　　　　　　　　　　　　　　　　　　　　日　　　期：

　　注　本表一式　　　份，由施工项目部填报，业主项目部、监理项目部各一份，施工项目部存　　　份。

填写、使用说明
（1）本表为《监理通知单》的闭环回复单。
（2）如《监理通知单》所提出内容需整改，施工项目部应对整改要求在规定时限内整改完毕，并以书面材料报监理。

SXM8：工程总结

工程总结大纲

一、工程概况

1. 工程规模

（1）工程建设意义背景及工程地址路径。

（2）基础（杆塔）数量、线路长度。

（3）主要设备材料型号、参数（变压器、开关柜、杆塔、接地、绝缘、导地线、光缆等）。

2. 主要参建单位（建设、设计、施工、监理）

3. 施工主要进度节点

（1）开、竣工日期。

（2）验收日期（三级自检、监理初检、中间验收、竣工验收、启动投运日期）。

4. 施工大事记

二、施工管理工作总结

1. 项目管理总结

2. 安全管理总结

3. 质量管理总结

4. 技术管理总结

5. 造价管理总结

三、本项目主要经验与教训

四、工程遗留问题与备忘录

1. 未完成的项目和原因及影响工程功能使用的程度

2. 后续完成计划

SXM9：分包计划申请表

分包计划申请表

工程名称： 　　　　　　　　　　　　　　　　　　　　　　　　编号：SXM9-SG××—×××

致： ＿＿＿ 监理项目部					
经策划，我方提出如下分包计划申请。请予以审查和批准。					
序号	分包范围 （施工内容及工程量）	分包 性质	工程地点	计划工期	拟分包工程总价（万元）
合　　计					
      施工项目部（章）： 项目经理： 日　　期：					
监理项目部审查意见： 监理项目部（章）： 总监理工程师： 专业监理工程师： 日　　　　期：					
业主项目部批准意见： 业主项目部（章）： 项目经理： 日　　期：					

注 本表一式＿＿份，由承包单位填报，业主项目部、监理项目部各一份，施工单位存＿＿份。

填写、使用说明

（1）施工承包单位在工程开工前，应就拟分包行为委托施工项目部向监理项目部提出分包计划申请。

（2）施工承包单位应说明分包范围（施工内容及工程量）、分包性质（劳务分包）、工程地点、计划工期、拟分包工程总价。

（3）监理项目部审查要点：

1）分包范围是否符合国家法律法规、国网公司有关规定。

2）分包范围是否符合施工承包合同约定。

3）分包范围是否符合总承包单位在投标书中的承诺。

SXM10：施工分包申请表

施工分包申请表

工程名称：   编号：SXM10-SG××—×××

致　　监理项目部：
经考察，我方认为拟选择的（分包单位）具有承担下列工程的施工资质和施工能力，可以保证本工程项目按合同的规定进行施工。分包后，我方仍承担总包单位的全部责任。请予以审查和批准。 　　附件：1. 分包单位资质材料 　　　　　2. 分包单位业绩资料 　　　　　3. 拟分包合同、拟签订的安全协议 　　　　　4. 分包单位专职管理人员及特种作业人员资格证和上岗证

分包工程名称（部位）	分包性质	工作量	拟分包工程合同额
合　　计			

施工项目部（章）： 项目经理： 日　　期：
监理项目部审查意见：   监理项目部（章）： 总监理工程师： 专业监理工程师： 日　　期：
业主项目部审批意见：   业主项目部（章）： 项目经理： 日　　期：

注　本表一式＿＿＿份，由施工项目部填报，业主项目部、监理项目部各份，施工项目部存＿＿＿份。

施工项目部经理变更申请表

工程名称：　　　　　　　　　　　　　　　　　　　　编号：SXM11-SG×× — ×××

致监理项目部： 　　　因　　　　　　　　　　　　　　　　　　　　，免去　　　　同志　　　　　　　　　工程项目经理职务， 由　　　　　　　　　同志担任。 　　　因　　　　　　　　　　　　　　　　，　　　同志　　　　　　　　　工程×××员变 更为　　　　　　　　同志担任。 　　　敬请批准。 　　　附件：1.施工单位关于项目经理变更的通知函 　　　　　　2.项目经理工作简历 　　　　　　3.项目经理身份证、建造师资格证书、安全资格证复印件   　　　　　　　　　　　　　　　　　　　　　施工项目部（章）： 　　　　　　　　　　　　　　　　　　　　　日　　期：
监理项目部审查意见：   　　　　　　　　　　　　　　　　　　　　　监理项目部（章）： 　　　　　　　　　　　　　　　　　　　　　总监理工程师： 　　　　　　　　　　　　　　　　　　　　　日　　期：
业主项目部审批意见：   　　　　　　　　　　　　　　　　　　　　　业主项目部（章）： 　　　　　　　　　　　　　　　　　　　　　项目经理： 　　　　　　　　　　　　　　　　　　　　　日　　期：

注　本表一式＿＿份，由施工项目部填报，业主项目部、监理项目部各一份，施工项目部存＿＿份。

SXM12：施工项目部基本设备设施标准化配置达标评价表

施工项目部基本设备设施标准化配置达标评价表

序号	检查项目	检查标准	评分标准	扣分原因
施工项目部设备设施（100分）				
1	办公区布置	（1）在现场设立施工项目部，办公场地满足工程规模要求（特殊情况下除外）； （2）办公区应独立设置，与施工区及生活区隔离，做到布置合理、场地整洁； （3）按要求设置"四牌一图"、宣传栏、标语等设施； （4）施工项目部应设置会议室，并将工程项目安全文明施工组织机构图、安全文明施工管理目标、工程施工进度横道图、应急联络牌等设置上墙	（1）未在现场设立施工项目部扣15分，办公场地不满足需要扣10分； （2）办公区未与施工区及生活区隔离扣5分； （3）未设置"四牌一图"、宣传栏及标语扣5分，设置但不符合安全文明施工标准化管理办法要求扣3分； （4）未设置会议室扣5分，工程项目安全文明施工组织机构图、安全文明施工管理目标、工程施工进度横道图、应急联络牌等未上墙扣3分	
2	生活区布置	（1）项目部生活区与办公区隔离设置，做到布置合理、整洁卫生、用电规范； （2）设置洗浴、盥洗设施和必要的文化娱乐设施； （3）食堂应配备厨具、冰柜、消毒柜、餐桌椅等设施，做到干净整洁，符合卫生防疫及环保要求； （4）炊事人员应按规定体检，并取得健康证	（1）未与办公区隔离扣5分，布置不合理，用电不规范，扣3分； （2）未设置洗盥及文化娱乐设施扣3分，用电不符合要求扣5分）； （3）食堂未配备冰柜及消毒柜，扣3分； （4）炊事员无健康体检证扣5分	
3	材料站布置	（1）材料站选择应合理，远离河道、易滑坡、易塌方等存在灾害影响的不安全区域； （2）场地规模应满足工程需要，地面做到硬化处理，排水通畅； （3）采取区域化管理，工器具库房、材料区及加工区分开设置，布置应符合安全文明施工标准化要求； （4）标识标牌清晰，符合安全文明施工标准化管理办法要求； （5）配备必要的消防设施，消防器材合格有效	（1）材料站设置在不安全区域扣5分； （2）材料站规模不满足工程需要扣5分，地面未硬化或排水不通畅扣3分； （3）工器具库房、材料区及加工区未分开设置，布置不符合安全文明施工标准化管理办法要求扣3分； （4）材料、工具状态牌、设备状态牌设备、物品、场地区域标识、操作规程、风险管控等标识标牌不满足安全文明施工标准化管理办法要求扣3分； （5）未配置消防器材扣2分，消防器材过期每1处扣1分	
4	办公设备	（1）项目部应配备计算机、打印机、数码相机、扫描仪、复印机及文件柜等办公设备，数量满足现场工作需要； （2）安装固定宽带网络（如条件所限也应配置无线网卡）	（1）计算机、打印机、扫描仪、复印机及文件柜配备不能满足现场需要少一种（台）扣5分； （2）质检员及安全员未达到每人1部数码相机扣3分； （3）项目部无固定宽带网络或无线网卡扣5分	

序号	检查项目	检查标准	评分标准	扣分原因
5	检测仪器	按需求选配经纬仪、水准仪、全站仪、游标卡尺、扭矩扳手、卷尺、验电设备、电子秤、土建检测工具包、接地电阻表。数量满足要求，经鉴定合格，并在有效期内	（1）数量不满足要求，每种扣5分；（2）无鉴定合格证，每种扣2分。鉴定合格证过期未及时送检每份扣1分	
6	交通工具	交通工具应满足工程实际需要	数量及车辆状况不满足要求，每辆扣3分	
7	工程现场人员管理系统	按需求配置工程现场人员管理系统，规范并记录现场人员、车辆、大型工器具的进出	安装部署并规范使用工程现场人员管理系统加5分	
实得分			扣分	

达标评价意见：

监理项目部代表：　　　　　　　　　　　　　　　　　　　业主项目部代表：

B6　安全管理部分

SAQ1：电力建设工程分包安全协议范本

见《关于印发〈国家电网公司电力建设工程分包安全协议范本〉的通知》（国家电网安监〔2008〕1057号）中的范本内容和格式。

主要施工机械/工器具/安全防护用品（用具）报审表

工程名称：
编号：SAQ2-SG××—×××

致 _____ 监理项目部：				
现报上拟用于本工程的主要施工机械/工器具/安全防护用品（用具）清单及其检验资料，请查验。工程进行中如有调整，将重新统计并上报。				
器具名称	检验证编号	数量	检验单位	有效期至
附件：相关检验证明文件 施工项目部（章）： 项目经理：_____ 日　期：_____				
监理项目部审查意见： 监理项目部（章）： 专业监理工程师：_____ 日　期：_____				

注 本表一式____份，由施工项目部填报，业主项目部、监理项目部各一份，施工项目部留存____份。

填写、使用说明

（1）施工项目部在进行开工准备时，或拟补充进场主要施工机械或工器具或安全防护用品（用具）时，应将机械、工器具、安全防护用品（用具）的清单及检验、试验报告、安全准用证等报监理项目部查验。

（2）施工项目部应对其报审的复印件进行确认，并注明原件存放处。

（3）工作要点：

1）主要施工机械设备/工器具/安全用具的数量、规格、型号是否满足项目管理实施规划（施工组织设计）及本阶段工程施工需要。

2）机械设备定检报告是否合格。

3）安全用具的试验报告是否合格。

项目部各一份，施工项目部留存____份。

SAQ3：工程安全文明施工设施标准化配置情况汇总表

工程安全文明施工设施标准化配置情况汇总表

序号	报验单号	对应合计折算金额
工程投入的安全文明施工设施 折算金额合计		

<table>
<tr><td>施工单位（章）：
项目经理（签字）：
日　　期：</td></tr>
<tr><td>监理项目部（章）：
总监理工程师（签字）：
日　　期：</td></tr>
<tr><td>建设管理单位（章）：
业主项目经理（签字）：
日　　期：</td></tr>
</table>

注 本表一式＿＿＿份，由施工项目部填报，业主项目部、监理项目部各一份，施工项目部留存＿＿＿份。

SAQ4：安全管理台账目次

（包括但不限于以下内容，部分模板见附件）
SAQ4-1：应有并做好以下账、表、册、卡
1. 安全法律、法规、标准、制度等有效文件清单
2. 安全管理文件收发、学习记录（参照 SXM13 执行）
3. 安全教育培训记录、安全考试登记台账
4. 安全工作例会记录、安全活动记录
5. 安全检查整改通知单、安全检查整改报告及复检单
6. 安全施工作业票
7. 特种作业人员及安全管理人员登记表
8. 施工人员登记表
9. 分包人员登记表（分包人员动态信息一览表）
10. 分包队伍特种作业人员证件档案
11. 重要设施安全检查签证记录
12. 特种设备安全检验合格证
13. 施工人员体检登记台账
14. 分包商资质资料
15. 分包合同和安全协议
16. 安全工器具及用品发放登记台账
17. 安全工器具台账及检查试验记录
18. 安全文明施工费使用审核记录
19. 现场应急处置方案及演练记录
20. 安全奖励登记台账
21. 各类事故及惩处登记台账、违章及处罚登记台账
22. 安全罚款通知单
23. 施工机具安全检查记录表
24. 施工安全固有风险识别、评估及预控措施清册
25. 施工安全风险动态识别、评估及预控措施台账
26. 施工作业风险现场复测单
27. 施工风险管控动态公示牌
28. 配电网工程安全施工作业票目次
SAQ4-2：施工队（班组）应有并做好以下账、表、册、卡
1. 安全活动记录
2. 安全施工作业票
3. 施工机具安全检查记录表
4. 安全工具（防护用品）检查记录
5. 安全文件收文台账
6. 有关安全与环境的法律法规、规程、规定、措施、文件、安全简报、事故通报等。
注 按照以上要求建立台账，如遇国家电网有限公司及上级有新规定时，应及时补充、调整并加以完善。

安全法律、法规、标准及制度等有效文件清单

项目名称：　　　　　　　　　　　　　　　　　　　　　编号：SAQ4-1-SG××—×××

编号	法律法规、标准、制度名称	文号/档案号	备注
1			
2			
3			
4			
5			
6			
7			
8			
9			
10			

编制：　　　　　　　　　审核：　　　　　　　　　批准：

附件 2

安全教育培训记录

项目名称：   编号：SAQ4-2-SG×-×××

工程名称		培训日期	
培训地点		培训课时	
主讲人		受培训人数	
培训组织人		受培训单位	

培训的主要内容：

填写人：   日期：

62

安全考试登记台账

项目名称：   编号：SAQ4-3-SG×ד×××

序号	姓 名	岗位／工种	考试时间	考试内容	成绩	备 注

填表人：   日期：

安全活动记录

项目名称：   编号：SAQ4-4-SG×× — ×××

主持人		时间		年　月　日　时至　时
记录人		地点		
应参加人数		缺席人员名单：		
实参加人数				

活动内容：

问题反馈及落实措施：

批复意见：

附件 5

安全检查整改通知单

项目名称： 编号：SAQ4-5-SG××—×××

主送： 存在问题的单位及地点： 检查发现时间：_____年_____月_____日_____时 存在问题及处理意见：   检查人员（签字）：   被通知单位（或施工队）负责人（签字）：

注　隐患及问题照片附后，一页不够可多页。

安全检查整改报告及复检单

项目名称：   编号：SAQ4-6-SG×× — ×××

对存在问题的整改结果：
被检查单位（或施工队）负责人（签字）：_____ 申请复检日期：_____
整改验证结果及意见：
整改验证人（签字）：_____ 复检确认日期：_____

注　留存整改后照片作附件，一页不够可多页。

安全施工作业票 A

工程名称：　　　　　　　　　　　　　　　　　　　　　　　　编号：SAQ4-7-SG××—×××

施工队（班组）		工程阶段	
工序及作业内容		作业部位	
执行方案名称		动态风险最高等级	
施工人数		计划开始时间	
实际开始时间		实际结束时间	
主要风险			
工作负责人		安全监护人 （多地点作业应分别设监护人）	

具体分工（含特殊工种作业人员）：

其他施工人员：

作业必备条件及班前会检查		
	是	否
1.	□	□
2.	□	□
3.	□	□
4.	□	□
5.	□	□
6.	□	□
…	…	…

作业过程预控措施及落实		
	是	否
1.	☐	☐
2.	☐	☐
3.	☐	☐
4.	☐	☐
5.	☐	☐
…	…	…

现场变化情况及补充安全措施

全员签名

编制人 （工作负责人）		审核人 （安全、技术）	
安全监护人		签发人 （施工班长）	
签发日期			
备注			

安全施工作业票 B

工程名称：　　　　　　　　　　　　　　　　　　　　　　　　编号：SAQ4-8-SG××—×××

施工队（班组）		工程阶段	
工序及作业内容		作业部位	
执行方案名称		动态风险最高等级	
施工人数		计划开始时间	
实际开始时间		实际结束时间	
主要风险			
工作负责人		安全监护人 （多地点作业应分别设监护人）	

具体分工（含特殊工种作业人员）：

其他施工人员：

作业必备条件及班前会检查
是　否 1.　　　　　　　　　　　　　　　　　　　　　　□　□ 2.　　　　　　　　　　　　　　　　　　　　　　□　□ 3.　　　　　　　　　　　　　　　　　　　　　　□　□ 4.　　　　　　　　　　　　　　　　　　　　　　□　□ 5.　　　　　　　　　　　　　　　　　　　　　　□　□ …　　　　　　　　　　　　　　　　　　　　　　…　…
具体控制措施见所附风险控制卡
全员签名

编制人 （工作负责人）		审核人 （安全、技术）	
安全监护人		签发人 （施工项目部经理）	
签发日期			
监理人员 （三级及以上风险）		业主项目部经理 （四级及以上风险）	

安全施工作业票使用说明

（1）作业票模板按施工安全风险等级分 A 票和 B 票。动态评估为二级及以下的风险作业办理 A 票，动态评估为三级及以上的风险作业必须办理 B 票。

（2）不同作业工序，当满足同一区域、同一班组、同一类型的条件时，可依据工程施工实际，合并办理一张作业票，按其中最高的风险等级确定作业票种类。

（3）作业票最大使用期限为 1 个自然月（30 天），超过 1 个月时，需重新办理、并重新交底。

附件9

特种作业人员登记台账

项目名称：   编号：SAQ4-9-SG×× — ×××

序号	姓　名	年龄	性别	工种	证件编号	发证单位	所属单位	有效期至

填写人：   填表日期：

填写、使用说明

（1）在工程开工或相关工作开展前，填写本表。

（2）施工项目部应对留存的复印件进行确认，并注明原件存放处。

（3）特种作业是指电工作业、焊接与热切割作业、企业内机动车辆作业、高处作业、爆破作业、起重、机械作业等，特种作业人员必须经过有关政府主管部门培训取证。

（4）有效期：填写下一次应复审的年、月、日。

附件 10

安全管理人员登记表

项目名称：   编号：SAQ4-10-SG××—×××

序号	姓　名	性别	证书类型	职务	发证单位	证书编号	备　注

填表人：   填表时间：　　　年　月　日

填写、使用说明

（1）安全管理人员包括项目负责人、专职安全员、兼职安全员以及分包单位项目负责人、专职安全员、兼职安全员等。

（2）按有关规定，安全管理人员必须经过相关培训，持证上岗。

（3）施工项目部应对留存安全管理资格证书复印件进行确认，并注明原件存放处。

施工人员登记表

项目名称：   编号：SAQ4-11-SG××—×××

序号	姓名	岗位	年龄	体检	安全考试成绩	身份证号	进场 / 出场日期

填写人：   填表日期：

附件 12

重要设施安全检查签证记录

项目名称：　　　　　　　　　　　　　　　　　　　　　编号：SAQ4-12-SG××—×××

重要设施 名　称			计划使用时间	年　月　日
现场负责人			计划停用时间	年　月　日
检查内容	检查标准及要求			检查结果
施工项目部检查结论： 　　　　　　　　　　　　　　　　　　　施工项目经理： 　　　　　　　　　　　　　　　　　　　　年　月　日				
监理项目部核查结论： 　　　　　　　　　　　　　　　　　　　专业监理工程师： 　　　　　　　　　　　　　　　　　　　　年　月　日				

　　注　重要设施包括大中型起重机械，脚手架，施工用电、水、气等力能设施，交通运输道路和危险品库房等；每一处重要设施填写一张表。

施工人员体检登记台账

项目名称：   编号：SAQ4-13-SG×× — ×××

序号	姓　名	性别	年龄	职务／工种	体检医院	体检结果	体检日期	备注

填写人：   填表日期：

附件 14

安全工器具登记台账

项目名称： 编号：SAQ4-14-SG×ד×××

序号	名称	规格型号	数量	质量验证	下次检验日期	存放位置	备注

填写、使用说明

（1）质量验证填写"合格"或"不合格"。

（2）有效期：填写下一次应检验、试验日期。

附件 15

安全工器具及用品领用登记台账

项目名称：　　　　　　　　　　　　　　　　　　　　　编号：SAQ4-15-SG××—×××

领取日期	名　　称	规　　格	数量	质量验证	领取单位	领取人	发放人

附件 16

安全工器具检查试验登记台账

项目名称：　　　　　　　　　　　　　　　　　　　　　　编号：SAQ4-16-SG××—×××

名称	型号规格	数量	周 期 检 查 试 验							
			日期	地点	检试方法	检试数	合格率	不合格品处理	下次检验日期	试验负责人

填写人：　　　　　　　　　　　　　　　　　　　　填表日期：

附件 17

现场应急处置方案演练记录

项目名称：   编号：SAQ4-17-SG××—×××

处置方案名称		起止时间	
演练类型		演练地点	
总 指 挥		参加人数	
参演单位			
演练目的、内容：			
演练实施情况记录（可另附详细记录）：			
预案演练效果评价：			
存在问题及改进措施：			
备注：			

填写人：   填表日期：

附件 18

安全奖励登记台账

项目名称：   编号：SAQ4-18-SG××—×××

序号	日期	受奖单位或个人	奖励单位	奖励事由	奖励方式	备 注

填写人：   填表日期：

注 奖励方式包括荣誉、物资或奖励金额。

附件 19

各类事故及惩处登记台账

项目名称：   编号：SAQ4-19-SG×× — ×××

序号	事故名称	被惩处的单位或个人	惩处事由	批准单位或批准人	惩 处 方 式					备注
					罚款	通报	下浮工资	处分	其他	

填写人：   填表日期：

附件 20

违章及处罚登记台账

项目名称：   编号：SAQ4-20-SG××—×××

序号	违章情况	被罚款单位或个人	罚款依据	批准单位或批准人	罚款金额	备注

填写人：   填表日期：

安全罚款通知单

项目名称：   编号：SAQ4-21-SG×× —×××

被处罚单位		检查时间	

罚款事由：

经 _____ 检查，发现违反：

  因上述原因，根据《_____》的规定，对你单位罚款总计 _____ 元，按有关规定将所罚款项交公司、分公司（项目部）财务部门办理。

被处罚人（签字）		受罚单位负责人	
		罚款单签发人	

备　　注	1. 本单一式三份，一份送被检查单位，一份送经营和财务部门负责办理，一份留存。 2. 对被处罚人拒绝在整改通知单上签字的，应在整改通知单的相关栏目中注明情况。 3. 对分包单位的罚款应从安全文明施工保证金中予以扣除

施工机具安全检查记录表

项目名称：   编号：SAQ4-22-SG××—×××

序号	机具名称	型号规格	数量	定 期 检 查						备注
				日期	地点	检查方法	检查数	合格率	检查人员	

填写人：   填表日期：

附件 23

施工安全固有风险识别、评估及预控措施清册

项目名称：

编号：SAQ4-23-SG×× — ×××

序号	工序	作业内容及部位	风险可能产生的后果	固有风险评定 D_1	固有风险级别	预控措施

附件 24

施工安全风险动态识别、评估及预控措施台账

项目名称：

序号	工序	作业内容及部位	风险可能产生的后果	固有风险评定 D_1	固有风险级别	预控措施	项目动态风险评定			项目补充预控措施
							动态调整系数 K	调整后风险值 D_2	动态风险级别	

附件 25

施工作业风险现场复测单

项目名称：   编号：SAQ4-25-SG×× —×××

复测地点		日期时间		复测结论
复测人员		（签字）		
现场内容（画简易图或插入照片）				
				现场主要安全风险及补充预控措施

填表说明 此表于作业前，施工项目部组织安全员、技术员、施工负责人，对三级及以上的风险作业现场进行实地勘测；明确填写作业的现场实际情况（现场内容栏填写：地形、地貌、土质、交通、周边环境、临边、邻近带电或跨越等情况；复测结论填写：包含实际测量的具体数值、现场施工布置、可采用的施工方法等；补充预控措施：填写针对此现场复测情况应采取的补充预控措施，不必将原有的控制措施再填入）。

附件 26

施工风险管控动态公示牌

工程名称：   编号：SAQ4-26-SG××—×××

作业时间	作业地点	作业内容	主要风险	风险等级 （颜色区别）	工作负责人	风险到岗监察人

注 本公示牌是在施工、监理项目部悬挂（合署办公可只在施工项目部悬挂），尺寸为 1000mm×800mm。三、四、五级风险分别使用"黄、橙、红"色区别。风险到岗监察人是施工单位有关领导对现场三级及以上风险进行有效管控。

配电网建设改造工程安全施工作业票目次（包括但不限于）

1. 基础施工安全施工作业票
2. 杆塔施工安全施工作业票
3. 架线施工安全施工作业票
4. 设备安装施工安全施工作业票
5. 电缆敷设安全施工作业票

B7 质量管理部分

SZL1：施工质量检验及评定范围划分报审表（附件：配电网建设改造工程施工质量检验及评定范围划分表）

施工质量检验及评定范围划分报审表

工程名称：　　　　　　　　　　　　　　　　　　　　　编号：SZL1-SG××—×××

致监理项目部： 　　现报上工程施工质量检验及评定范围划分表，请审查。 　　附件：施工质量检验及评定范围划分表   　　　　　　　　　　　　　　　　　　　　施工项目部（章）： 　　　　　　　　　　　　　　　　　　　　项目经理： 　　　　　　　　　　　　　　　　　　　　日　　期：
监理项目部审查意见：   　　　　　　　　　　　　　　　　　　　　监理项目部（章）： 　　　　　　　　　　　　　　　　　　　　总监理工程师： 　　　　　　　　　　　　　　　　　　　　专业监理工程师： 　　　　　　　　　　　　　　　　　　　　日　　期：
业主项目部审批意见：   　　　　　　　　　　　　　　　　　　　　业主项目部（章）： 　　　　　　　　　　　　　　　　　　　　项目经理： 　　　　　　　　　　　　　　　　　　　　日　　期：

注 本表一式＿＿份，由施工项目部填报，业主项目部、监理项目部各份，施工项目部存＿＿份。

填写、使用说明

（1）施工项目部在工程开工前，应对承包范围内的工程进行分项、检验批施工质量验收及评定范围项目划分，并将划分表报监理项目部审查。

（2）监理项目部应结合各分项工程的施工特点，明确划分原则。

（3）专业监理工程师审查要点：

1）施工质量验收及评定项目划分是否准确、合理、全面。

2）三级验收责任是否落实。

（4）总监理工程师审查同意后，报业主项目部审批。

附件

配电网建设改造工程施工质量检验及评定范围划分表

工程名称：   编号：

单位工程	项目名称	质量检验标准及检查方法	质量检查记录	质量评定记录	质量检验单位及评定范围		
					施工单位	监理单位	业主单位

注 本表一式＿＿份，由施工项目部填报，监理项目部存＿＿份，施工项目部存＿＿份。

该表为推荐表格。

SZL2：产品检验记录

产 品 检 验 记 录

项目部名称：   编号：SZL2-SG×× — ×××

检验单位		工程名称			合同号			检验地点		
检验依据				生产厂家				供货单位		
序号	物资名称	规格型号	计量单位	进货数量	抽样比率或数量		到货日期	合格证及质量文件		包装形式

检验结果：

检验人：　　　年　月　日

结论：

质检员：　　　年　月　日

注　由施工项目部填报，施工项目部存____份。

SZL3：甲供主要设备（材料／构配件）开箱申请表

甲供主要设备（材料／构配件）开箱申请表

工程名称：

编号：SZL3-SG××—×××

致监理项目部： 本工程设备已按合同供货计划进场，并保管于 地点（仓库），为确认设备（材料、构配件）质量，现申请开箱抽检。 附件：拟开箱设备（材料、构配件）清单   施工项目部（章）： 项目经理： 日　　期：
监理项目部意见：   监理项目部（章）： 专业监理工程师： 日　　期：

注　1.本表一式＿＿份，由施工项目部填报，监理项目部存＿＿份，施工项目部存＿＿份。

　　2.本表式用于工程的设备、材料、构配件通用开箱申请通用报审表（下同），根据实际情况分别采用，使用时，表头不做修改，填写内容中将设备／材料／构配件任选一，其他删除不写。

SZL4：特种作业人员报审表

特种作业人员报审表

工程名称：   编号：SZL4-SG××—×××

致监理项目部：
现报上本工程特种作业人员名单及其资格证件，请查验。工程进行中如有调整，将重新统计并上报。 附件：特种作业人员资格证件复印件   施工项目部（章）： 项目经理： 日　　期：

姓名	工种	证件编号	发证单位	有效期至

监理项目部审查意见：   监理项目部（章）： 专业监理工程师： 日　　期：

注 本表一式＿＿＿份，由施工项目部填报，监理项目部存＿＿＿份，施工项目部存＿＿＿份。

填写、使用说明

（1）施工项目部在进行工程开工或相关工程开展前，应将特种作业人员名单及上岗资格证书报监理项目部查验。

（2）施工项目部应对其报审的复印件进行确认，并注明原件存放处。

（3）工作要点：

1）特种作业人员的数量是否满足工程施工需要。

2）特种作业人员的资格证书是否有效。

SZL5：工程质量问题处理单

工程质量问题处理单

工程名称：   编号：SZL5-SG×× — ×××

序号	存 在 问 题	处置要求	处置负责人	处置时间	复检人	复检结论、数据、时间

检验单位：   检验人：   被检单位负责人：   检验日期：   年   月   日

注 由施工项目部填报，施工项目部存＿＿份。

SZL6：监理告知单

监理告知单

工程名称：   编号：SZL6-SG××—×××

致监理项目部：　　我方根据施工计划于＿＿＿年＿＿月＿＿日时至＿＿＿年＿＿月＿＿日时进行部位工序的施工／工程隐蔽，根据监理规划的要求需对工序进行旁站监理／隐蔽验收，特予告知。
<div align="right">施工项目部（章）： 项目经理： 日　　期：</div>
监理项目部意见：
<div align="right">监理项目部（章）： 总／专业监理工程师： 日　　期：</div>

注 本单由施工项目部填报，监理项目部存＿＿＿份，施工项目部存＿＿＿份。

填写、使用说明
（1）施工项目部依据监理旁站方案在需要实施旁站监理的关键部位、关键工序施工前 24h，将告知单报监理项目部。
（2）同工序多个部位计划同时施工可合并在一张告知单上报。
（3）施工项目部在隐蔽工程隐蔽前 24h 将告知单报监理项目部。

SZL7：公司级专检申请表

公司级专检申请表

编号：SZL7-SG×× — ×××

工程名称		施工地点	
施工单位		施工日期	
一、工程简况： 　　简述本工程开竣工时间，工程规模及工程量。 二、验收范围： 　　列出本次专检的工程范围。 三、分项工程的质量验收情况： 　　简述本工程需验收的分项工程数量，质量合格率。 四、工程资料情况： 五、项目级复检情况及结果：（附项目部检查记录） 六、存在的问题及整改情况：（附工程质量问题处理单）			
验收结论及申请验收时间： 　　经项目部复检，工程质量符合设计要求，达到验收规范标准，工程资料齐全、填写正确、完整，申请公司于＿＿＿年＿＿月＿＿日进行专检（本结论为参考填写示例）。 　　　　　　　　　　　　　　　　　　　　　　施工项目部（盖章）： 　　　　　　　　　　　　　　　　　　　　　　项目经理： 　　　　　　　　　　　　　　　　　　　　　　日　　　期：			

填写、使用说明

（1）此表为施工项目申请公司级专检复检用。

（2）项目级检查记录应涵盖相应的施工质量检验及评定规程中有关检查评级记录表中的所有项目。

（3）本表为推荐用表，不做强制性要求，如各施工单位内部质量管理体系中有要求时，可以采用体系用表。

监理初检申请表

工程名称：   编号：SZL8-SG××—×××

致监理项目部： 　　经我公司三级自检，具备阶段第＿＿次工程初检条件，特此申请，请审查。 　　附件：公司级专检报告   　　　　　　　　　　　　　　　　　　　　施工项目部（章）： 　　　　　　　　　　　　　　　　　　　　项目经理： 　　　　　　　　　　　　　　　　　　　　日　　期：
专业监理工程师审查意见：   　　　　　　　　　　　　　　　　　　　　专业监理工程师： 　　　　　　　　　　　　　　　　　　　　日　　期：
总监理工程师审查意见：   　　　　　　　　　　　　　　　　　　　　监理项目部（章）： 　　　　　　　　　　　　　　　　　　　　总监理工程师： 　　　　　　　　　　　　　　　　　　　　日　　期：

注　本表一式＿＿份，由施工项目部填报，监理项目部存＿＿份，施工项目部存＿＿份。

填写、使用说明

（1）施工项目完成相应工程的施工，并经班组、项目部、公司三级自检验收合格后，应将自检结果向监理项目部报验，并申请监理初检。

（2）监理项目部审查要点：

1）申请监理初检的工程是否已经施工单位三级自检验收合格。

2）三级自检验收及评定记录是否齐全。

3）其他技术资料是否齐全、合格。

附件

公司级专检报告

项目名称： 工程

（施工单位章）
_____年____月

一、公司级专检简况				
项目名称		阶　段		
时　间				
检查依据				
检查项目 （抽检的各检验批部位）				
公司级专检 组织及程序				
公司级专检 过程总体描述				

二、工程概况				
本期规模		远景规模		
建设单位		建设管理单位		
监理单位		设计单位		
施工单位				
主要工程形象进度				

三、综合评价	
主要技术资料核查	
工程重点抽查	

四、限期整改项目
五、主要改进建议
六、结论

公司级专检负责人（签名）　　　　　　　　　　　　　　　　　年　　月　　日

七、公司级专检成员名单

序号	部　门	专　业	职务 / 职称	手写签名

B8 造价管理部分

SZJ1：工程进度款报审表（附件：施工工程完成情况月报）

工程进度款报审表

工程名称：   编号：SZJ1-SG×ד×××

致监理项目部： 　　我项目部于＿＿年＿月＿日至＿＿＿年＿月＿日共完成合同价款元，按合同规定扣除％预付款和％质量保证金，特申请支付进度款元，请予审核。 　　其中：安全文明施工费本月完成元，累计完成元，完成总额的％。 　　附件：施工工程完成情况月报   <div align="right">施工项目部（章）： 项目经理： 日　　期：</div>
监理项目部审核意见：   <div align="right">监理项目部（章）： 总监理工程师： 专业监理工程师： 日　　期：</div>
业主项目部审批意见：   <div align="right">业主项目部（章）： 造价管理专责： 项目经理： 日　　期：</div>

注　1. 本表一式＿＿＿份，由施工项目部填报，业主项目部、施工项目部各存＿＿＿份，监理项目部存＿＿＿份。

　　　2. 每月15日前，由施工项目部填报，监理单位审查，报业主项目部审批，列入下月资金计划。

附件

施工工程完成情况月报

工程名称：　　　　　　　　　　　　　年　　月　　　　　　　　　　单位：万元

序号	单位工程	投标价格	开工日期	竣工日期	完成投资		本月完成投资				月末形象进度	备注说明
					自上年末累计	自年初累计	合计	建筑	安装	其他		

单位负责人：　　　　审核：　　　　制表人：　　　　报出日期：　　年　　月　　日

　　注　当月设备就位，设备到货明细在备注栏填写。变压器、导线、地线型号及生产厂家在首次报表时填写在备注栏内（可采用 A3 纸）。

SZJ2：设计变更联系单

设计变更联系单

工程名称：   编号：SZJ2-SG×ד×××

致（设计单位）：
由于

原因，兹提出等设计变更建议，请予以审核。

附件：变更方案等相关附件（A4 纸，5 号宋体）

负责人：（签　　　字）
提出单位：（盖　　　章）
日　　期：＿＿＿年＿＿月＿＿日

注　1. 编号由监理项目部统一编制，作为设计变更联系单的唯一通用表单。
　　2. 本表用于向设计单位提出非设计原因引起的设计变更，作为设计变更审批单的附件。
　　3. 本表一式五份（施工、设计、监理、业主项目部各一份，建设管理单位存档一份）。

SZJ3：设计变更审批单

设计变更审批单

工程名称： 　　　　　　　　　　　　　　　　　　　　　编号：SZJ3-SG××—×××

致（监理项目部）： 变更事由及内容： 变更费用： 附件：1. 设计变更建议或方案。 　　　2. 设计变更费用计算书。 　　　3. 设计变更联系单（如有）。 　　　…… 设　　总：　　　　　（签字） 设计单位：　　　　　（盖章） 日　　期：___年_月_日			
监理单位意见	施工单位意见	业主项目部审核意见 专业审核意见：	建设管理单位／地市公司审批意见 建设（技术）审核意见： 技经审核意见：
总监理工程师：（签字 并盖项目部章） 日期：___年_月_日	设总：（签字并盖项目 部章） 日期：___年_月_日	项目经理：（签字） 日期：___年_月_日	部门主管领导：（签字并盖部门章） 日期：___年_月_日

注 　1. 编号由监理项目部统一编制，作为审批设计变更的唯一通用表单。

　　　2. 重大设计变更应在重大设计变更审批栏中签署意见。

　　　3. 本表一式五份（施工、设计、监理、业主项目部各一份，建设管理单位存档一份）。

　　　4. 如项目建设管理单位为县级公司，发生重大设计变更时，应由地市公司填写建设、技经等审批意见。

SZJ4：现场签证审批单

现场签证审批单

工程名称： 编号：SZJ4-SG××—×××

致（监理项目部）： 签证事由及内容： 签证费用： 附件：1.现场签证方案。 　　　2.签证费用计算书。 项目经理：　　（签字） 施工单位：　　（盖章） 日　　期：　　年　月　日			
监理单位意见	设计单位意见	业主项目部审核意见 专业审核意见：	建设管理单位／地市公司审批意见 建设（技术）审核意见： 技经审核意见：
总监理工程师：（签字 并盖项目部章） 日期：　　年　月　日	设总：（签字并盖项目 部章） 日期：　　年　月　日	项目经理：　（签字） 日期：　　年　月　日	部门主管领导：（签字并盖部门章） 日期：　　年　月　日

注 1.编号由监理项目部统一编制，作为审批现场签证的唯一通用表单。

2.重大签证应在重大签证审批栏中签署意见。

3.本表一式五份（施工、设计、监理、业主项目部各一份，建设管理单位存档一份）。

4.如项目建设管理单位为县级公司，发生重大签证时，应由地市公司填写建设、技经等审批意见。

SZJ5：工程竣工结算书

内容详见工程量清单计价格式中"竣工结算表格"的标准样式。

B9 技术管理部分

SJS1：施工方案（措施）报审表

施工方案（措施）报审表

工程名称：　　　　　　　　　　　　　　　　　　　　　　编号：SJS1-SG×ׁ—×××

致监理项目部：
现报上工程施工方案（措施），请审查。 　　附件：   　　　　　　　　　　　　　　　　　　　　　　施工项目部（章）： 　　　　　　　　　　　　　　　　　　　　　　项目经理： 　　　　　　　　　　　　　　　　　　　　　　日　　　期：
专业监理工程师审查意见：   　　　　　　　　　　　　　　　　　　　　　　专业监理工程师： 　　　　　　　　　　　　　　　　　　　　　　日　　　期：
总监理工程师审查意见：   　　　　　　　　　　　　　　　　　　　　　　监理项目部（章）： 　　　　　　　　　　　　　　　　　　　　　　总监理工程师： 　　　　　　　　　　　　　　　　　　　　　　日　　　期：

注　本表一式＿＿＿份，由施工项目部填报，监理项目部、施工项目部各存＿＿＿份。

填写、使用说明

（1）此表用于常规施工方案的报审。

（2）施工项目部在工程动工前，应编制该工程主要施工工序的施工方案（措施、作业指导书），并报监理项目部审查，文件的编、审、批人员应符合国家、行业规程规范和国家电网公司规章制度要求。

（3）专业监理工程师审查要点：

1）文件的内容是否完整，编制质量好坏。

2）该施工方案（措施、作业指导书）制定的施工工艺流程是否合理，施工方法是否得当，是否先进，是否有利于保证工程质量、安全、进度。

3）安全危险点分析或危险源辨识、环境因素识别是否准确、全面，应对措施是否有效。

4）质量保证措施是否有效，针对性是否强，工程创优措施是否落实。

SJS2：交底记录

交底记录

工程名称：   **编号：SJS2-SG×ד×××**

项目名称		交底单位	
交底主持人签名		交底日期	
交底级别	□公司级	□项目部级	□施工队级

接受交底人签名：

交底作业项目：

主要交底内容：

交底人签名	

注　1.本表适用于技术、安全、质量等交底，主要交底内容栏体现具体的交底内容。

　　2.本表由交底人填写。

　　3.本表涉及被交底单位各留存一份。

SJS3：设计变更（现场签证）执行报验单

设计变更（现场签证）执行报验单

工程名称：   编号：SJS3-SG××—×××

致监理项目部： 　　我方已完成号设计变更 / 现场签证审批单全部内容的施工，请予以查验。详细情况说明如下：   　　　　　　　　　　　　　　　　　　　　　　　施工项目部（章）： 　　　　　　　　　　　　　　　　　　　　　　　项目经理： 　　　　　　　　　　　　　　　　　　　　　　　日　　期：
监理项目部审查意见：   　　　　　　　　　　　　　　　　　　　　　　　监理项目部（章）： 　　　　　　　　　　　　　　　　　　　　　　　总监理工程师： 　　　　　　　　　　　　　　　　　　　　　　　专业监理工程师： 　　　　　　　　　　　　　　　　　　　　　　　日　　期：

注 本表一式＿＿＿份，由施工项目部填报，监理项目部存＿＿＿份，施工项目部存＿＿＿份。

填写、使用说明
（1）施工项目部在完成设计变更（现场签证）所列的施工内容后，应报监理项目部查验。
（2）施工项目部应将设计变更（现场签证）涉及的施工部位、施工内容和引起的工程量的变化做详细说明。
（3）监理项目部审查确认设计变更（现场签证）涉及的工程量全部完成，并经监理项目部验收合格后，签署意见。

附录 C 施工项目部悬挂的标识及各项管理制度

序号	标识名称	规格型号	单位	数量	材料选用	备注	样板（示例）
1	施工项目部铭牌	400mm×600mm	块	1	薄框铝合金焗漆丝印	施工项目部办公室大门外侧悬挂施工项目部铭牌。铭牌应清晰、简洁	XXXX公司 **XX配电网工程** **施工项目部**
2	施工项目部组织机构图	800mm×1200mm	块	1	采用黑体字，图牌设置距地高度1.5m	组织机构图应包括施工项目部各岗位名称、人员名称、照片等	国家电网 STATE GRID 施工项目部组织机构图
3	施工项目部职责及各岗位职责	800mm×1200mm	块	1	采用黑体字，图牌设置距地高度1.5m	包含施工项目部职责及各岗位职责，每个岗位职责1个图板	国家电网 STATE GRID 施工项目部项目经理职责

110

序号	标识名称	规格型号	单位	数量	材料选用	备注	样板（示例）
4	进度计划表	2000mm×1200mm	块	1	采用黑体字，图牌设置距地高度1.5m	按照管辖项目关键节点进行设置，满足里程碑计划要求	
5	座位岗位牌	100mm×170mm	块	一	薄框铝合金焗漆丝印	数量按照实际人员数量确定，包含姓名、岗位	
6	施工单位概况牌	900mm×1500mm	块	1	薄框铝合金焗漆丝印	施工中标单位简要情况介绍；设置在办公室外	
7	工程项目概况牌	900mm×1500mm	块	1	薄框铝合金焗漆丝印	施工项目部负责实施工程简要情况介绍；设置在办公室外	
8	进度管理目标牌	900mm×1500mm	块	1	薄框铝合金焗漆丝印	明确项目进度管理目标；设置在办公室外	
9	安全文明施工组织机构图	800mm×1200mm	块	1	采用黑体字，图牌设置距地高度1.5m	设置在会议室	

111

序号	标识名称	规格型号	单位	数量	材料选用	备注	样板（示例）
10	安全文明施工管理目标	800mm×1200mm	块	1	采用黑体字，图牌设置距地高度1.5m	设置在会议室	
11	应急联络牌等设置上墙	800mm×1200mm	块	1	采用黑体字，图牌设置距地高度1.5m	设置在会议室	
12	安全管理条例等上墙图版	800mm×1200mm	块	1	内容采用黑体字，图牌设置离地高度1.5m	配网工程防触电、防高坠、防倒杆"三十条"工作措施、十不干、工作亮点等	

附录 D 施工项目部管理资料清单

序号	档案名称	档案资料类别	模板编号
1	标准规范文件	相关法律、法规，规范标准，上级文件	
2	合同相关文件	施工单位资质复印件	
		中标通知书	
		项目施工合同（协议）	
		安全协议	
3	组织机构文件	项目部组织机构成立文件	SSZ1
		施工项目部管理人员报审表	SXM1
		人员资质证书复印件	
		施工项目部经理变更表	SXM11
4	分包相关文件	分包计划申请表	SXM9
		施工分包申请表	SXM10
		分包协议	
		安全协议	SAQ1
		分包单位考核评价表	B2
5	项目管理文件	项目管理实施规划及报审表	SXM2
		施工进度计划报审表	SXM3
		会议纪要	SXM6
		工程总结	SXM8
		督导记录和通报	
		监理通知回复单	SXM7
6	施工过程记录	施工日志	
		工作票、施工作业票	
		施工数码照片	
7	培训相关文件	安全、质量培训记录和相关影像资料	SAQ4-2
		安全考试登记台账（包含考试试卷及成绩）	SAQ4-3
		安全活动记录（纸质手写）	SAQ4-4

序号	档案名称	档案资料类别	模板编号
8	安全工具台账	主要施工机械／工器具／安全防护用品报审表	SAQ2
		安全工器具台账	
		劳动防护用具台账	
		施工机械台账	
		办公用品台账	
9	图纸设计文件	通用图纸	
		设计联系单	
10	专项活动文件		
11	其他管理文件		
12	项目实施资料	参照 2017 版单体工程档案资料目录整理	
		工程复工申请表	SXM5